Generis
PUBLISHING

Ouvrage collectif

Changement climatique et productions agricoles dans le septentrion camerounais

IBRAHIMA Adamou

Title: **Ouvrage collectif**

Changement climatique et productions agricoles dans le septentrion camerounais

ISBN: 979-8-89966-007-8

Author:IBRAHIMA Adamou

Cover image: Author

Publisher: Generis Publishing
Online orders: www.generis-publishing.com
Contact email: info@generis-publishing.com

OUVRAGE COLLECTIF

Changement climatique et productions agricoles dans le septentrion camerounais

Sous la direction du Prof IBRAHIMA Adamou

Sommaire

APPEL A CONTRIBUTIONS POUR UN OUVRAGE COLLECTIF

THEME GENERAL :

Changement climatique et productions agricoles dans le septentrion Camerounais

Argumentaire:

L'ampleur de la croissance démographique et des changements climatiques inquiète depuis quelques années la communauté scientifique et les décideurs politiques partout dans le monde. En effet, selon les projections des Nations Unies, la population mondiale devrait augmenter de 2 milliards de personnes au cours de trente dernières années, passant de 7,7 milliards en 2019 à 9,7 milliards d'ici 2050, avec une forte croissance concentrée en Afrique (FAO, 2018). Cette croissance de la population s'observe également au Cameroun qui enregistre une augmentation annuelle de 2,6% en moyenne, rythme auquel la population passera de 25,9 millions d'habitants en 2019 à 45,4 millions d'habitants en 2045 (FAO, 2017).

A côté de la population mondiale qui a une croissance inquiétante, les émissions de Gaz à Effet de Serre (GES) ne sont pas en reste. La concentration de GES dans l'atmosphère a augmenté avec une rapidité fulgurante ces dernières décennies, avec un taux de 1,3% par entre 1970 et 2010 et de 2,2% par an entre 2000 et 2010. Depuis, elle augmente d'environ 3% par année (GIEC, 2014). Cette croissance démographique et le changement climatique sont directement liés, entraînant les conséquences néfastes de cette concentration dans l'atmosphère. D'où le réchauffement climatique dont les impacts se font de plus en plus ressentir sur l'agriculture mondiale, plus particulièrement sur celle de l'Afrique subsaharienne où près de 93% des terres cultivées dépendent de l'agriculture pluviale (FAO, 2011). Ce type d'agriculture est directement influencé par les variations climatiques, comme l'augmentation de la température, les irrégularités des précipitations, la sécheresse, les inondations, etc. (Iglesias *et al.*, 2007). Cette situation exacerbe l'insécurité alimentaire dans des régions déjà fragiles économiquement, en raison d'une forte dépendance à l'agriculture de subsistance et de faibles ressources pour adopter des technologies adaptées, comme l'irrigation.

Dans la partie septentrionale du Cameroun, les changements climatiques qui se manifestent à travers les sécheresses, les inondations, la dégradation de l'environnement, etc, impactent négativement sur la production agricole et portent préjudice à la sécurité alimentaire. Malgré cela, certains paysans réagissent pour s'adapter autant qu'ils peuvent pour mieux améliorer leur production agricole. C'est pourquoi la prise en compte des connaissances traditionnelles dans le développement des stratégies d'adaptation aux impacts des changements climatiques sur la production agricole est nécessaire. Dans ce contexte, comprendre et anticiper les fluctuations climatiques à la lumière des perceptions de paysans, acteurs clés dans ce secteur d'activité, sont devenus une priorité pour garantir la sécurité alimentaire, surtout dans les pays où le secteur agricole contribue à plus de 70% (FAO, 2003). Des résultats prometteurs ont été obtenus dans certaines régions d'Afrique, en particulier en Afrique de l'Ouest (Diagne *et al.*, 2013). Cependant au Cameroun et en particulier dans les parties septentrionales, très peu d'informations sont disponibles sur les connaissances traditionnelles en matière d'impacts des changements climatiques sur la production agricole (Sambo, 2017; Watang, 2011; Hountondji, 2005; Kossoumna, 2012). D'où le choix de cet appel à contribution en collaboration et dont la thématique est «**Changement climatique et productions agricoles dans le septentrion Camerounais**».

Cet ouvrage aborde la thématique des variations climatiques et leurs conséquences sur la production agricole et les stratégies d'adaptations que les paysans ont développées pour continuer à assurer cette production agricole et faire face à l'insécurité alimentaire dans le septentrion camerounais en proie aux effets des changements climatiques. C'est pourquoi une bonne synthèse des analyses de différents axes de recherche se rapportant à la perception des paysans de leur environnement, notamment les fluctuations climatiques et leurs impacts sur les activités agricoles est indispensable pour contribuer à soutenir la productivité agricole et par conséquent à lutter contre l'insécurité:

Axes de contributions

Les axes sont :

- perception paysanne de la variation climatique dans le septentrion camerounais ;
- la synthèse de différentes stratégies développées par les paysans de ces régions pour faire face aux changements climatiques ;
- la modélisation des impacts des changements climatiques sur les productions agricoles.

Perception paysanne des effets du changement climatique sur les productions du maïs et du haricot dans l'Arrondissement de Ngan–ha, Adamaoua, Cameroun

ISMAILA Amadou[1], IBRAHIMA Adamou[1], MAMADOU LAMINOU Mal Amadou[12], RANAVA Dieudonné[13], BABE NDARA Grégoire[1] et MOUSTAPHA Moussa[1]

[1]Laboratoire des Biodiversités et Développement Durable, Département des Sciences Biologiques, Faculté des Sciences, Université de Ngaoundéré, BP 454, Ngaoundéré, Cameroun.

[2]Centre Régional de la Recherche et de l'Innovation de l'Adamaoua, PB 65, Ngaoundéré Cameroun.

[3]Centre de Recherche de Wakwa, Institut de Recherche Agricole pour le Développement, BP xx, Ngaoundéré, Cameroun.

Résumé :

Le secteur agricole est l'un des principaux moteurs de l'économie camerounaise. Cependant, il est affecté par le changement climatique ces dernières années. La présente étude examine la perception paysanne de l'effet du changement climatique sur la production du maïs et du haricot dans l'arrondissement de Ngan-ha. Une enquête a été réalisée à l'aide d'un questionnaire auprès de 100 paysans choisis de façon aléatoire dans six villages de cet Arrondissement. De plus une descente sur le terrain a été effectuée afin d'observer les exploitations agricoles. De cette étude, il ressort que les paysans de Ngan-ha perçoivent le changement climat à travers les variations de la pluviométrie (71% de réponses), la température (53%) et de l'insolation (60%). Les principaux facteurs responsables de la baisse de la production du maïs et du haricot sont les variations des paramètres climatiques (98% des réponses) et des ravageurs (67%). Parmi les indicateurs climatiques affectant plus la production du maïs et du haricot figurent les variations des précipitations (61%) et le changement des saisons (61%). Les corrélations positives et significatives (P<0,05) entre les variations des paramètres climatiques (pluviométrie et température) et la production du maïs et du haricot valorisent les connaissances paysannes. Face aux aléas climatiques, plus de 60% des paysans (66%) ont su développé des stratégies d'adaptation, dont les principales sont l'augmentation des intrants agricoles (87%), les itinéraires techniques (75%) et les pratiques agroforestières (75%). Ces résultats préliminaires contribueront au développement des adaptations éprouvées face à l'impact du changement climatique sur la baisse de la production agricole en générale et celles du maïs et du haricot en particulier dans l'Arrondissement de Ngan- ha, grenier principal de maïs et de haricot. Ceci permettrait de lutte contre l'insécurité alimentaire dans la partie septentrionale et au Cameroun en général.

Mots-clés : Perception paysanne ; Changement climatique ; Production du maïs et haricot; Adaptations ; Ngan-ha, Cameroun.

Abstract:

The agricultural sector is one of the main drivers of the Cameroonian economy. However, it has been affected by climate change in recent years. This study examines farmers' perceptions of the effect of climate change on maize and bean production in the Ngan-ha subdivision. A questionnaire was sent to 100 randomly selected farmers in six villages in this subdivision. A field visit was also made to observe the farms. The study revealed that the farmers of Ngan-ha perceive climate change through variations in rainfall (71% of responses), temperature (53%) and insolation (60%). The main factors responsible for the decline in maize and bean production are variations in climatic parameters (98% of responses) and pests (67%). Among the climatic indicators that had the greatest impact on maize and bean production were variations in rainfall (61%) and seasonal changes (61%). The positive and significant correlations ($P<0.05$) between variations in climatic parameters (rainfall and temperature) and maize and bean production highlight the value of farmers' knowledge. Faced with climatic hazards, over 60% of farmers (66%) were able to develop adaptation strategies, the main ones being an increase in agricultural inputs (87%), technical itineraries (75%) and agroforestry practices (75%). These preliminary results will contribute to the development of proven adaptations to the impact of climate change on the decline in agricultural production in general, and maize and bean production in particular, in the Ngan-ha subdivision, the main maize and bean granary. This will help to combat food insecurity in the northern part of the country and in Cameroon in general.

Key-words: Farmer's perception; Climate change; Maize and bean production; Strategies; Ngan-Ha, Cameroon.

1. INTRODUCTION

Depuis plusieurs décennies, les questions relatives aux changements climatiques préoccupent les communautés scientifiques et les décideurs politiques au niveau mondial (Niang, 2009). Les conditions de productions agricoles sont rendues de plus en plus difficiles par les aléas climatiques (Caquet, 2014). Car ils constituent un de nombreux obstacles au développement (Brown et Crawford, 2008). Les implications de ces variations climatiques sur les ressources en eau sont particulièrement fortes et touchent de nombreux autres secteurs d'activités tels que l'élevage et l'agriculture (Ardoin, 2004). Le changement climatique est défini par le Groupe d'Experts Intergouvernemental sur l'Evolution du Climat (GIEC, 2001) comme une modification du climat dans le temps causée soit par la variabilité naturelle ou par les activités humaines (Parry *et al.*, 2007). Ces dernières sont caractérisées principalement par une utilisation exceptionnelle des combustibles fossiles, une déforestation sans précédent et un changement dans l'utilisation des sols (GIEC, 2007).

Une étude sur les scénarios climatiques et les rendements agricoles futurs a montré qu'à l'horizon 2025, les changements climatiques vont entraîner une baisse considérable des rendements des principales cultures en Afrique sub-saharienne (Zhao *et al.*, 2005), notamment le manioc (-26%), l'arachide (-15%) et le maïs (-11 %), alors que les populations de la plupart de ces pays africains doubleront (UNFPA, 2011). Selon les prévisions établies par Muller *et al.* (2009), les pays en développement, notamment le Cameroun, seront plus exposés et moins résistants aux risques climatiques. Alors que le secteur agricole représente l'un des principaux moteurs de l'économie camerounaise (INS, 2017). Les effets du changement climatique sur l'agriculture varient selon les cultures, les régions et les mesures d'adaptation mises en œuvre.

De nos jours, l'Afrique Sub-Saharienne est la région qui a la plus forte prévalence de sous-alimentation dans le monde (Saha et Tchuenga, 2017). En effet, le Cameroun et les différents pays d'Afrique centrale sont soumis à certaines difficultés et contraintes qui les exposent à l'insécurité alimentaire (Saha et Tchuenga, 2017). C'est le cas notamment des contraintes climatiques tels que la sècheresse, les irrégularités des pluies et les inondations). Le maïs (*Zea mays*) compte parmi les cultures dont le niveau actuel de production est l'un des plus remarquables au Cameroun (Saha et Tchuenga, 2017) et qui représentait environ plus de la moitié des spéculations cultivées par des ménages en termes de pourcentage, soit 55% en 2011 (FAO, 2011a). Aujourd'hui, le maïs devient une denrée de première nécessité pour les populations locales et pour les industries de transformation (Abossolo *et al.*, 2015). Il est essentiellement destiné à l'autoconsommation et procure des revenus monétaires variables selon les exploitations (Abossolo *et al.*, 2015). Les résidus de maïs constituent également une source importante d'aliments pour les animaux (Abossolo *et al.*, 2015). En dépit de son importance, la production du maïs est compromise par les aléas climatiques telles que la sécheresse, l'élévation de la température et la haute pluviométrie qui occasionnent parfois d'importantes maladies, favorisent la propagation des insectes (Saha et Tchuenga, 2017). L'agressivité du climat, la rareté des précipitations, l'érosion conduisent également à la perte en nutriments et en réserves de matière organique du sol ((Bationo *et al.,* 2006).

Le haricot commun (*Phaseolus vulgaris*) quant à lui est principalement cultivé à cause de sa richesse en protéines (20 à 25%), en fer et en fibres (Mufind *et al.*, 2017). Il est une culture essentielle dans l'alimentation des populations de l'Afrique centrale et orientale, généralement pauvres (Baudouin *et al.*, 2001 ; Nyabyenda, 2005). Sur le plan nutritionnel, le haricot est un aliment important et constitue 65% de l'apport protéique dans l'alimentation humaine et 32 % des calories, il apporte également du fer, du zinc, des fibres et des carbohydrates lents (CIAT, 2014). Il occupe à cet effet, une place de choix du fait qu'il constitue une importante source de protéines et d'énergie pour les hommes dans les pays en développement où l'accès aux protéines d'origine animale est difficile, voire impossible pour certaines populations (Mbukula *et al.,* 2018). Malheureusement ces cultures se caractérisent très souvent par des rendements faibles et instables surtout dans les pays en voie de développement (Baudoin, 2001) du fait des contraintes abiotiques telles que les effets des changements climatiques comme la sécheresse et l'élévation de la température (Bayuelo-Jiménez *et al.*, 2003).

Le rendement agricole dans l'arrondissement de Ngan-ha est confronté à de nombreux problèmes dûs à des effets des variations climatiques qui se manifestent à travers l'augmentation des températures du sol, le stress hydrique et les ravageurs de certaines cultures (maïs, haricot, soja,...). La perturbation agro-climatique de cette localité a eu d'énormes répercussions sur les pratiques culturales. La production du maïs et du haricot devient très vulnérable face à cette perturbation. Pour y remédier, les paysans ont développé diverses stratégies d'adaptations. A ce titre, l'adaptation aux variabilités climatiques constitue une option fondamentale pour renforcer les capacités de résiliences du secteur de l'agriculture, ce qui nécessite une amélioration des systèmes de productions et un renforcement des capacités adaptatives existantes (GIEC, 2007).

Dans la région de l'Adamaoua et en particulier dans l'arrondissement de Ngan-ha, à notre connaissance aucune étude n'a été réalisée sur la perception paysanne du changement climatique et son impact sur la production du maïs et du haricot. D'où l'importance de ce travail qui est celui d'évaluer la perception paysanne sur le changement climatique et son impact sur la production du maïs et du haricot dans l'arrondissement de Ngan-ha. En d'autres termes, il s'agit 1) d'évaluer la perception paysanne du changement climatique et ses indicateurs dans l'Arrondissement de Ngan-ha, 2) de déterminer l'impact des variations des paramètres climatiques sur le rendement du maïs et du haricot dans cet Arrondissement, 3) d'évaluer les stratégies locales d'adaptations développées par les paysans pour faire face aux impacts du changement climatique sur la production du maïs et du haricot.

2. MATERIEL ET METHODES

2.1. Présentation des sites d'étude

L'Arrondissement de Ngan-ha (Figure 1) est situé entre le 7°24' et le 9°78' degrés latitude Nord et entre le 13°48' et le 31°34' degré longitude Est. Il fait partie du département de la Vina, dans la région de l'Adamaoua ; il est situé au Nord– Est de Ngaoundéré, chef-lieu de la Région, et s'étend sur une superficie de 2 625 km^2, avec un relief relativement plat (PCD, 2013). Il est limité au nord par la commune de Mbé, au Sud-Est par la commune de Belel, au Nord-Est par le département de Rey Bouba, au Sud par la commune de Nyambaka, au Sud-Ouest par la commune de Ngaoundéré II et, au Nord-Ouest par la commune de Ngaoundéré III.

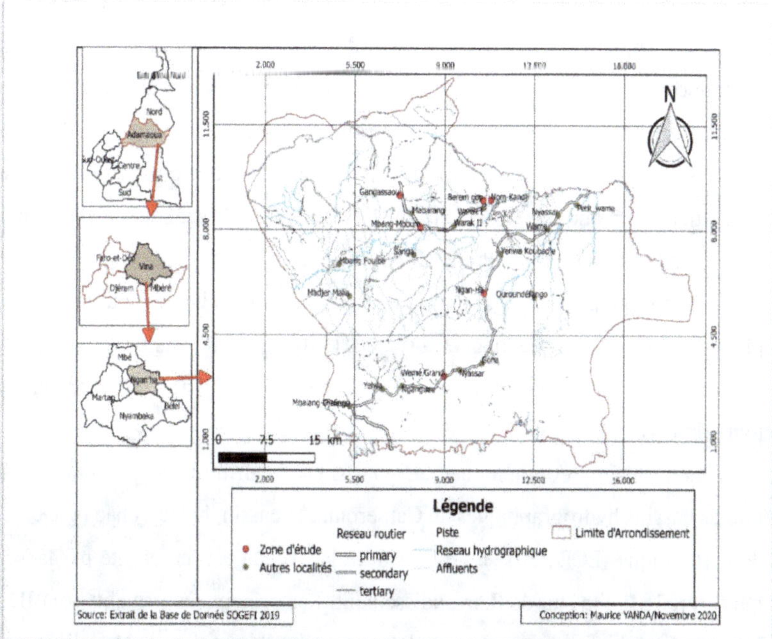

Figure 1 : Carte de la localisation de l'arrondissement de Ngan-ha

Le climat est du type soudano-guinéen monomodal, caractérisé par des températures parfois plus élevées que celles des zones équatoriales. A cet effet, l'année est divisée en deux saisons : une saison sèche et une saison de pluies. La saison sèche couvre la période allant du mois de novembre au mois de mars, pendant laquelle l'on enregistre des vents secs ; la saison des pluies couvre la période allant du mois d'avril au mois d'octobre pendant laquelle les précipitations moyennes varient entre 900 et 1500 mm (PCD, 2013). La température moyenne est de 22 °C, et elle augmente à mesure qu'on avance vers le Nord, à cause de l'harmattan qui y souffle de janvier à avril. A partir du mois de Juillet, les vents sont chargés d'humidité de la mousson (PCD, 2013).

L'arrondissement de Ngan-ha est constitué dans sa grande partie des roches volcaniques qui recouvrent le socle granitique affleurant le Nord de l'Arrondissement (PCD, 2013). Les sols développés sur les roches volcaniques sont de couleurs bruns noires ou rouge à texture argileuse. Ceux développés sur granites sont bruns et ont une texture argilo-sableux ou sableuse (PCD, 2013). Sous les dépressions, on rencontre des sols ferralitiques noirs plus profonds, riches en matières organiques (PCD, 2013). Les sols de cet arrondissement sont en général favorables à l'agriculture. (PCD, 2013).

L'orographie de Ngan-ha est représentée essentiellement par un relief de plateau qui s'étend sur de longues distances (1100 m en moyenne), avec quelques collines entourées de massifs montagneux, faisant de l'Arrondissement un site touristique (PCD, 2013).

Le réseau hydrographique de Ngan-ha est dendritique et appartient à deux grands bassins hydrographiques du Cameroun : le bassin du lac Tchad et le bassin de l'Atlantique (PCD, 2013). Le bassin du lac Tchad est représenté par la Vina qui forme la limite sud de l'Arrondissement. Les principaux affluents sont Béra, Ouber, Massola, Denye, Mangang, Béra et Tello; ils ont des chutes qui peuvent servir de sites touristiques. Le bassin de l'Atlantique est représenté par le cours d'eau Bini qui coule de l'Ouest vers l'Est dans la partie Nord de l'Arrondissement.

Les principaux affluents orientés Nord – Sud, Nord-Ouest ou Sud-Est sont Ndour, Mabang Madol, Mamoum et Magouroum (PCD, 2013).

La végétation est dominée par les savanes arbustives et les forêts galeries. La strate ligneuse est dominée par endroit par des espèces telles que, *Daniella oliveri, Lophira lanceolata, Isoberlina doka, Burkea africana.* On trouve aussi des arbustes tels que *Crossopteryx februfuga, Entanda africana, Albizia regia, Ximenia americana, Syzygium guineense* var. *guineense.* Les jachères sont colonisées *par Chromolaena odorata* (PCD, 2013).

La faune sauvage est relativement pauvre, conséquence d'une chasse non organisée et des feux de brousse. Ceci freine le développement de la chasse, bien que l'on y trouve encore des espèces telles que les hérissons, les singes, les biches, les écureuils, les perdrix, les pintades, les pigeons et plusieurs variétés de passereaux (hirondelles, rouges gorges,…) (PCD, 2013).

La population de l'arrondissement de Ngan-ha a connu un impressionnant accroissement au cours des dernières décennies. Au troisième Recensement Général de la Population et de l'Habitat (RGPH) en 2005, l'Arrondissement comptait 28 443 habitants, soit 14 131 hommes contre 14 312 femmes. Actuellement, elle est composée d'une population cosmopolite d'environ 45 000 habitants, constituée en majorité de Mboum, Dii, Peulh, Gbaya (PCD, 2013). Le territoire communal couvre une superficie de 2 625 km^2, soit une densité moyenne de 17 habitants/km^2.

Pour mieux représenter l'univers de nos sites d'étude, un échantillon de six (06) villages a été choisi selon l'importance de la production maïs et du haricot. Ce sont Gangassaou, Mbang-Mboum, Berem-Gop, Wame-Grand, Nom-Kandji, Ngan-ha (centre administratif). Le choix de ces villages constituant de grands bassins de production du maïs et de haricot a été facilité par l'entretient avec le délégué DAADER, (Délégation d'Arrondissement d'Agriculture et du Développement Rural) et les autorités traditionnelles. Le délégué nous a permis de cibler les grands bassins de production du maïs et du haricot et nous a dirigés vers les différents chefs de postes agricoles afin de recueillir d'autres informations. Les autorités traditionnelles nous ont donnés l'autorisation de rencontrer les différents producteurs.

2.2. Méthodologie

Une enquête a été réalisée auprès des 100 producteurs de maïs et du haricot des six villages de l'Arrondissement de Ngan-ha entre 17 Août et 15 septembre 2020, a raison de 16 personnes par village sauf à Mbang-Mboum où l'enquête a été réalisée sur 20 personnes. Les producteurs du maïs et du haricot de différents âges et de deux sexes ont été interrogés à l'aide d'un questionnaire (Annexe 1) contenant des questions ouvertes et fermées. Les personnes ayant moins de 35 ans et vécus moins de 9 ans, ainsi que ceux n'ayant pas cultivé pendant 9 ans dans la localité étaient exclus de l'échantillon, car nous supposons qu'ils n'ont pas assez de connaissance de l'évolution du climat sur la production du Maïs et du haricot. Les paysans ont été interrogés dans les ménages ou dans leurs champs, de manière individuelle ou en groupe. Les interviews étaient semis – structurés, comprenant les questions fermées où on répond par oui ou non, les questions ouvertes où on répond délibérément selon son point de vus et les questions orientées où quelques réponses sont proposées au répondant. Les principales questions posées aux paysans portaient sur la perception du changement climatique, les indicateurs des variations climatiques, de leurs causes et de leur impact sur le rendement du maïs et du haricot, les différentes mesures d'adaptation développées par les paysans faces à ces aléas climatiques et enfin l'itinéraire technique de productions de ces deux spéculations.

De plus, les données des paramètres climatiques mensuelles et annuelles de 2008 à 2019 ont été obtenues auprès de la Délégation Régionale d'Agriculture et Développement Rural (DRADER) et de Centre Météorologique de Ngaoundéré (CMN). Les données de la production du maïs et du haricot proviennent de la Délégation d'Arrondissement d'Agriculture et Développement Rural de Ngan-ha

(DAADER) et des rapports annuels des statistiques agricoles de la DRADER de l'Adamaoua (Annexe 2). Les données sur la monographie de notre zone d'étude ont été obtenues auprès du bureau régional du Programme National pour le Développement Participatif (PNDP) et des synthèses bibliographiques.

2.3. Analyses statistiques

Les données collectées lors des enquêtes de terrain ont fait l'objet d'une analyse statistique. Les proportions des réponses ont été calculées à l'aide du tableur d'EXCEL 2016. Les régressions linéaires ont été utilisées pour évaluer les relations entre les paramètres climatiques et le rendement de chaque spéculation. Ces tests de corrélations ont été réalisés à l'aide du logiciel STAGRAPHIC.5.

3. RESULTATS ET DISCUSSION

3.1. Caractéristiques sociodémographiques de l'échantillon

L'échantillon des enquêtés dans l'arrondissement de Ngan-ha est constitué des personnes de deux sexes, avec une large dominance des hommes (97%) par rapport aux femmes (3%). Ceci montre que les hommes dominent dans les travaux champêtres par rapport aux femmes et cela pourrait être d'une part aux aspects socioculturels et d'autre part aux aspects religieux comme l'a montré OIT (2012). Selon ce dernier, l'accès des femmes aux ressources productives est limité en milieu rural, et les normes sociales leur attribuant certaines formes de travail tendent à les confiner à un statut professionnel inférieur, moins rémunéré, où les opportunités de formation qualifiante et de progression professionnelle sont réduites, perpétuant ainsi l'infériorité de leur statut.

L'âge des enquêtés varie de 35 à 90 ans (Figure 2). Les adultes sont plus nombreux dans l'échantillon (60%) et ce pourcentage diminue avec l'âge des enquêtés. Les plus vieux sont moins nombreux, avec une proportion de 15%. D'après Yakouba *et al.* (2017), l'âge moyen des exploitants du sorgho, situé au-delà de 45 ans indique une bonne maturité dans la gestion des exploitations.

Figure 2 : Classes d'âges des enquêtés

Tous les enquêtés sont mariés ou divorcés, aucun célibataire n'a été enregistré dans notre échantillon. La plupart d'entre eux sont mariés (98%) et très peu de veuves (2%). Ce résultat montre que, ces pères de famille ont besoin de ces spéculations primordiales afin de subvenir aux besoins familiaux et de palier à l'insécurité alimentaire.

Sur le plan instruction, quatre-vingt-trois pourcents (83%) des enquêtés sont scolarisés contre seulement 17% seulement, qui sont analphabètes (Figure 3). Parmi les 83% Scolarisés, seuls 3% ont atteint le niveau supérieur, 29 % le secondaire et 51 % le primaire. Sanou *et al.* (2018) ont montré que le niveau de la scolarisation global des producteurs du maïs et du riz est faible au Togo. Plus de 50% des enquêtés ne sont pas scolarisés et 30% sont au niveau primaire. Le taux élevé des producteurs scolarisés prouve donc que la culture du maïs et du haricot n'est pas seulement une affaire des analphabètes. Par contre une bonne instruction permet aux producteurs de cerner les techniques ancestrales des technologies agricoles modernes afin d'appréhender les gains économiques liés à la mise en place des dites technologies. Le niveau d'instruction des producteurs a toujours été présenté comme un facteur assez déterminant dans la diffusion des technologies agricoles (Nkamleu et Adesina, 2000; Adesina, 2000). Dans la mesure où ces derniers vont mettre en pratique les différentes recommandations liées de la production agricole moderne en vigueur. Selon Rabe *et al.* (2017), les taux d'adoption des technologies individuelles de la production du niébé ont varié de 0.7 à 80.0% à Maradi et Zinder au Niger grâce au niveau d'instruction des paysans.

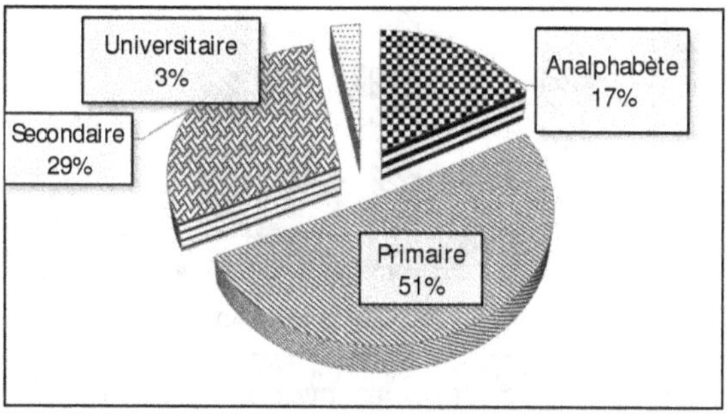

Figures 3 : Niveaux d'instruction des enquêtés

3.2. Perception paysanne du changement climatique

La quasi-totalité des producteurs affirment déjà avoir entendu parler du phénomène du changement climatique. Certains le définissent comme étant l'augmentation de la température, d'autres parlent de la rareté des pluies pour ne citer que ceux-ci. Selon 82% de ces derniers, la principale voie d'acquisition d'informations sur le changement climatique est l'observation directe de la nature, mais certains paysans suivent aussi les Médias (37%) et les ONG (11%).

3.2.1. Indicateurs paysans du changement climatique

Les indicateurs paysans du changement climatique sont la température (53%), la pluviométrie (71% de réponses), l'insolation (60%) et la vitesse du vent (11%) (Figure 4). Cependant les plus cités sont la pluviométrie, la température et l'insolation, avec une dominance de pluviométrie (71% de réponses). Les enquêtés se réfèrent faiblement à la vitesse du vent (11%).

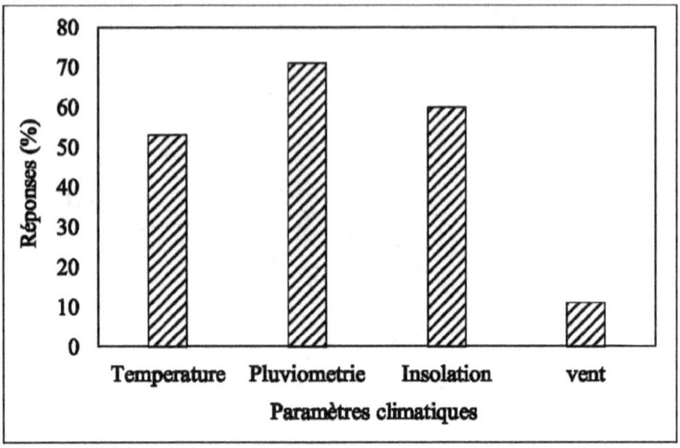

Figure 4 : Paramètres climatiques cités par les enquêtés

Un constat général a été fait par les producteurs interviewés que la hausse des températures s'accompagnant de chaleur intense surtout à l'approche des saisons pluvieuses est réelle. En effet 53% des personnes enquêtés affirment avoir perçu la hausse des températures au cours des 12 dernières années. Ce résultat confirme de celui de Garcia de Cortazar (2006) qui a montré une tendance globale du réchauffement de la planète. La température moyenne annuelle a vraisemblablement augmenté lors du dernier siècle dans la majorité du continent africain, avec une élévation plus rapide des températures minimales que des maximales (IPCC, 2014).

Les variations pluviométriques tels que la baisse de la pluviosité, l'arrêt précoce des pluies, le raccourcissement de la durée de la saison pluvieuse et l'abondance des précipitations sont perçus par plus de 71% des producteurs interviewés. Ceci explique en effet l'instabilité des précipitations qui devient de plus en plus récurrente. Nos résultats rejoignent ceux de Doukpolo (2007) qui a noté en basse latitude que, la pluviométrie est la principale indicatrice de la variabilité climatique. Tchuenga *et al.* (2017b) ont montré également que sur le plan temporel, un déficit consécutif des précipitations, et une alternance entre les années excédentaires et les années déficitaires à Dimako, Est Cameroun.

Le taux de réponses des enquêtés atteint 60% pour l'insolation qui se caractérise par une hausse récurrente de l'intensité de l'ensoleillement et de la persistance de sécheresse causé par une déforestation intenses due à la colonisation de nouvelles surfaces cultivables. Le GIEC (2014), prévoit en effet une augmentation climatique et de certains phénomènes extrêmes et considère comme probable l'accroissement des risques de sécheresse estivale sur la plupart des zones terrestres continentales à moyenne latitude.

S'agissant de la vitesse du vent, 11% des paysans ont perçu que le vent devient de plus en plus violent et est responsable des dégâts matériels, qui sont parfois très importants tels que la destruction de toitures, la verse du maïs, le déracinement des arbres. Les producteurs se souviennent des phénomènes climatiques tels que la hausse de température et la violence du vent qui entraînent des dégâts matériels (Sanou *et al.*, 2018).

3.2.2. Indicateurs paysans de la variation de la production du maïs et haricot

La variation du rendement de maïs et du haricot est causée par plusieurs facteurs à savoir le changement climatique, les maladies et/ou les attaques des ravageurs et le manque d'intrants agricoles (Figure 5). Parmi les paysans enquêtés, 98% accusent le changement climatique comme facteur principal de la baisse de la production par l'instabilité des précipitations, le changement des saisons, l'augmentation de la température et la sècheresse intense. Il est suivi à 67% par les ravageurs, des maladies et des mauvaises herbes qui affectent ainsi négativement la production et conduisent à la baisse ou à la variation du rendement. Quarante un pourcent (41%) se plaignent plutôt du manque des intrants agricoles, qui deviennent inaccessible à cause de la pauvreté et du manque de financements.

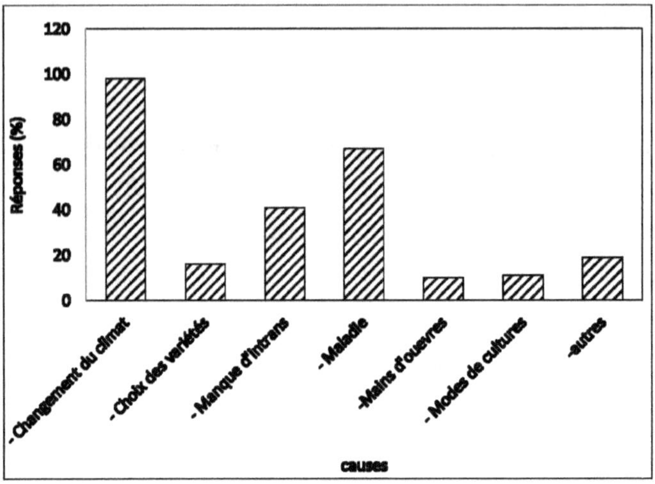

Figure 5 : Causes des variations de la production et du rendement du maïs et du haricot

Ce résultat est similaire à celui de la FAO (2007). Des sécheresses et des inondations plus graves et plus fréquentes ainsi qu'une pression plus forte des ravageurs et des maladies sont les principaux défis induits par le changement climatique à l'agriculture et à la production vivrière (FAO, 2007). Plusieurs facteurs biotiques et abiotiques limitent la production du maïs et de la productivité dans les pays de l'Afrique subsaharienne (Badu-Apraku *et al.,* 2003).

3.2.2. Indicateurs paysans de la baisse de rendement

Le tableau 1 détaille les indicateurs climatiques, édaphiques et biotiques de la baisse de la production du maïs et du haricot dans l'Arrondissement de Ngan-ha. Les indicateurs climatiques sont les plus nombreux. Parmi ces Indicateurs climatiques paysans, les précipitations et l'alternance des saisons ont les plus d'effets sur la baisse de la production du maïs et du haricot. Plus de la moitié des enquêtés (61%) affirment que les précipitations jouent un rôle important sur la production en cas d'arrêt précoce, des irrégularités ou de la baisse de pluies. Cela entraine le stress hydrique des cultures du maïs et du haricot. Ainsi, les précipitations ont un rôle crucial au début du cycle, à la floraison et au moment de la fructification. La période la plus critique s'étend sur les 15 jours qui précèdent et les 15 jours qui suivent l'apparition des inflorescences mâles chez le maïs et pendant cette période, environ 45% des besoins d'eau doivent être normalement assurés. Pour une production maximale, il faut 500 à 800 mm d'eau (Memento de l'agronome, 2002). Le manque d'eau entraine le retard de la floraison des fleurs femelles. Dans le cas de stress hydrique, le délai entre l'émission des grains de pollen et l'émergence des soies augmente et en conséquence, une faible quantité de grains de pollen viables est disponible au moment où les soies sont réceptives. Cela entraine donc une fécondation réduite comme l'ont montré Chenafi *et al.* (2006). Selon eux, le déficit hydrique provoque la réduction du nombre de grains par épi, du nombre d'épis par plant, du poids moyen des grains, de l'indice de récolte et du rendement en grains.

Le manque d'eau ou son excès a des répercussions sur la culture du haricot. Ceci explique en effet que, le haricot est une culture qui exige une nette gamme de précipitation nécessaire à sa croissance. Il supporte une quantité d'eau comprise entre 300 et 400 mm et nécessite également des pluies modérées et bien distribuées au cours du cycle (300 à 400 mm d'eau), mais une période sèche est préférable au moment de la récolte (Memento de l'agronome, 2002), car l'excès de sécheresse et l'excès d'eau lui sont néfastes.

Tableau 1 : Indicateurs paysans de la baisse de la production du maïs et du haricot dans l'arrondissement de Ngan-ha, Cameroun

Paramètres	Indicateurs	Modalités	Manifestation	Réponses (%)
Climatiques	Précipitations	Rareté, précocité d'arrêt, fortes intensités et baisse des pluies	Alternance inondation/ sècheresse	61
	Température	De plus en plus chaud Chaleur ardente ou torride	Nanisme des plantules Retard de croissance	22
	Insolation	Sècheresse intense et fréquence des séquences sèches	Fanaisons des plantules, mauvais remplissage des grains	31
	Changement des saisons		Retard de croissance	61
	Vents	Vents violent	Verse des cultures	40
Edaphiques	Sols	Erosion hydrique Hétérogénéité des parcelles.	Perte de fertilités.	49
Biotiques	Ravageurs et mauvaises herbes	Destruction des bourgeons foliaires et attaques des collets et déterrement des graines.	Chlorose, destruction des bourgeons foliaires.	40

Les fortes intensités de précipitations conduisent à des inondations dans certaines zones comme les bas – fonds. Les développements des plantes immergées vont être perturbés par asphyxie et par perturbation des phénomènes respiratoires, conduisant à une sècheresse physiologie. En outre, les gousses et les épis de maïs mûrs pourrissent ou sont susceptibles aux attaques des bactéries et champignons et conduisent à des pertes agricoles énormes. A ce sujet, Kambire *et al* (2010) ont affirmé que les inondations ont un impact très significatif sur les récoltes et les pertes ont atteint 65 % pour le riz, 69 % pour les arachides et 91 %

pour le maïs par rapport à une année normale. Fomekong et Ngono (2004) ont également montré que des insuffisances pluviométriques sur des cultures du haricot et du maïs entravent leur croissance conduisant ainsi à la baisse de leur rendement par l'instabilité de plus en plus récurrente de la pluviométrie.

Par ailleurs, quarante pourcents (40%) des enquêtés affirment les effets néfastes du vent, surtout sur le maïs, mais aussi sur le haricot. Le vent est à l'origine des verses, fracturant les pieds de maïs et du haricot à la floraison, voire même après la fructification. Le Haricot comme le maïs se trouvent ainsi couchés au sol, susceptible aux attaques des pathogènes tels que les bactéries et les champignons, et mêmes des ravageurs animaux.

Trente et un pourcents (31%) des enquêtés affirment être victimes de l'ensoleillement sur la production de ces deux spéculations surtout lors de la floraison, de la formation des gousses et de la germination pour le haricot et de l'épiaison pour le maïs. Car cette période est accompagnée de la rupture des précipitations, suivies de la mise en place de la sécheresse provoquant surtout la senescence des feuilles de haricot. Les poches de sécheresses provoquent la sénescence des plantes et la dessiccation des sols situés en haut et en milieu de pente (Sanou *et al.*, 2018). La production du maïs est ainsi affectée surtout lors de la floraison. Magorokosho *et al.* (2003) ont montré que cette phase de croissance est la plus vulnérable pour le maïs. Edmeades *et al.* (1995) et Ashley (1999) ont trouvé que la perte estimée du rendement pouvait aller de 21 à 50% de la production. Edmeades *et al.* (1992) ont également montrés que, Bien que la sécheresse affecte la production à toutes les étapes de la croissance et du développement des cultures, le plus grand impact se produit autour de la floraison. Des résultats similaires ont été rapportés par DAADER (2017) qui a enregistré une baisse du rendement du haricot et du maïs de 15% et de 12% respectivement. Cela serait dû à la rupture des pluies au moment de la formation des gousses d'une part et aux attaques des chenilles d'autre part.

Selon 22% des enquêtés, la température perturbe la production du haricot et du maïs surtout à l'état de plantule par augmentation de la température du sol surtout lors de la germination Car cette élévation a d'énorme répercussion sur l'activité enzymatique via le phénomène de dénaturations de celles-ci. La variation de la température notée surtout pendant la saison pluvieuse a des répercussions importantes sur les cultures pluviales (Alhassane *et al.*, 2013). Il est estimé qu'une hausse de 2°C entraînera un déclin dans la productivité mondiale des céréales de 5% et qu'une hausse de 4°C engendrerait un déclin de 10% (Turral *et al.*, 2011). La période de formation des gousses du haricot est souvent caractérisée par une élévation de la température d'après les enquêtés. En effet si la température excède le seuil propice de la fructification, cela va avoir des effets néfastes sur la formation et la croissance des gousses et par conséquent une baisse de la production. La plupart des haricots communs croissent dans un spectre étroit de températures, situant entre 17,5 et 25°C, et de préférence entre 20 et 22,5°C (Memento de l'agronome, 2002).

Pour ce qui est des indicateurs édaphiques, l'érosion hydrique et l'hétérogénéité des parcelles figurent parmi les facteurs affectant la production du maïs et du haricot selon 49% des enquêtés (Tableau 1). L'horizon A ou éluvial, le plus Superficiel est constamment remanié par les actions anthropiques tels que l'agriculture, la déforestation intensive et le surpâturage ou par des agressions d'origines climatiques. Parmi lesquelles, le ruissellement des eaux emportant ainsi des particules et la matière organique se trouvant sur la partie supérieure du sol. Nos résultats confirment ceux de Denhez (2007) affirmant que la durabilité et la qualité des terres arables dépendent de l'intensité et de la fréquence d'évènements climatiques comme les sécheresses et les pluies violentes, qui altèrent la qualité du sol. Cette altération des terres arables conduit ainsi à la baisse de la productivité. Le ruissellement agit selon la nature du sol, la rugosité superficielle, et surtout la pente, conduisant à des dégâts énormes parmi lesquels figurent la réduction de la réserve utile du sol, l'appauvrissement du sol en éléments nutritifs et l'hétérogénéité des parcelles qui entraine une mauvaise répartition de la matière organique. La perte de terres arables sera certainement accompagnée d'une réduction des rendements de cultures (World Bank, 2013).

En ce qui concerne les indicateurs biotiques paysans de la baisse de la production du maïs et du haricot, on note l'apparition des insectes phytophages, des rongeurs et autres ravageurs animaux. Ainsi parmi les paysans enquêtés, 40% affirment être victimes des attaques des singes, des perdrix, des écureuils, et des chenilles. Ceci se justifie par des propos d'un paysan affirmant que «*Les années passées et cette année même aussi, les vers entrent dans le cœur du maïs et ça mange tout. Et le maïs ne grandit pas aussi bien et le haricot*». Nous avons observé la chenille légionnaire s'attaquant aux pieds de maïs et de haricot (Figure 6) et consommant les feuilles de maïs et haricot (Figure 6a) et les bourgeons apicales de maïs (Figure 6b). Ceci sera à l'origine de la perturbation de leur cycle de développement qui s'explique, en particulier, par leur sensibilité aux contraintes biotiques et abiotiques selon Geerts *et al.*, (2011). En effet, les cultures de haricots sont sujettes à de nombreuses attaques de ravageurs et maladies qui peuvent entrainer d'importants dégâts en l'absence de moyens de luttes appropriées (Silue *et al.*, 2010). Selon FAO (2011b), le changement climatique aura un impact néfaste pour l'agriculture par la prolifération des ravageurs des plantes.

Figure 6 : Attaque des cultures par la chenille légionnaire au niveau des feuilles de maïs et de haricot dans un champ mixte de maïs et de haricot (a) et au niveau des bourgeons foliaires du maïs (b).

Plus de la moitié des enquêtés affirment être perturbés par la présence de mauvaises herbes tels que le *Striga* dont l'apparition est causée par la sècheresse et le manque des nutriments dans le sol. Il attaque surtout au collet du maïs engendrant le jaunissement des feuilles qui peut s'expliquer en effet par l'insuffisance de l'azote dans le sol. Ce résultat montre en effet que le *Striga* est responsable de cette décoloration en privant le maïs de l'azote via la colonisation du collet et des racines par ses suçoirs. Les mauvaises herbes constituent donc l'une des principales contraintes biotiques qui affectent la production alimentaire mondiale et plus particulièrement celle des pays en voie de développement. C'est en effet en zone tropicale que l'estimation des pertes de production est la plus élevée, avec 25 % contre 5 % dans les pays développés (Memento de l'agronome, 2002).

3.3. Perception paysanne de l'évolution de la production du maïs et du haricot

Le rendement du maïs et du haricot par rapport aux dix dernières années est variable selon les paysans (Figure 7). Plus de la moitié des paysans estiment le rendement du maïs (57% de réponses) et du haricot (63%) connaissent une baisse au cours de dix dernières années, contre une faible proportion des paysans qui attestent une augmentation du rendement de maïs (30%) et du haricot (26%). Ces augmentations se justifient par la mise sur pied des techniques culturales modernes et l'utilisation des semences améliorées. Par contre, la baisse de la production peut s'expliquer par la perte de fertilité des sols, des mauvaises techniques culturales mais surtout par des phénomènes climatiques tels que les ruptures et les arrêts précoces des pluies.

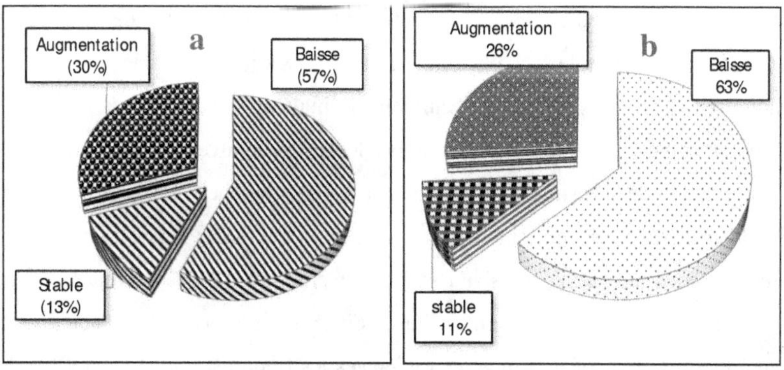

Figures 7 : Evolution du rendement du maïs (a) et du haricot b) selon les enquêtés

Les changements climatiques représentent une menace réelle pour les systèmes agricoles et par conséquent la sécurité alimentaire des populations. Cette menace provient notamment de la diminution anticipée des superficies de terres arables, de la durée des saisons de culture et du rendement par hectare. À ce niveau, des baisses de rendement non négligeables pour les principales céréales sont annoncées par GIEC (2007) à l'horizon de 2070, telles qu'une baisse de 25% pour le maïs et de 20% pour le blé (Sciama, 2008). Pour les paysans de Ngan-ha, presque tous (90%) estiment être en situation d'insécurité alimentaire en cas de baisse de production, car ils affirment que le maïs est l'alimentation de base dans cet Arrondissement. Ainsi en cas d'incidence climatique, les paysans se trouveraient vulnérables sur le plan socioéconomique car ces deux spéculations sont parmi les principales cultures de rente dans cet Arrondissement. Selon FAO (2011a), 7,3% des populations souffraient d'une insécurité alimentaire dans les zones rurales de l'Adamaoua.

3.4. Mesures d'adaptation

Face aux aléas climatiques, les paysans de Ngan-ha ont commencé à prendre de disposition pour éviter la baisse de rendement de cultures. Parmi eux, 66% affirment prendre des mesures d'adaptations en utilisant des stratégies présentées dans le tableau 2. Comme l'a rapporté Kidjok (2012), les paysans de Ngan-ha, en particulier ceux qui cultivent le maïs et le haricot face aux aléas climatiques ne restent pas distraits, mais adoptent de nouveaux comportements. L'importance de ces stratégies varie selon les phénomènes climatiques qui s'y déroulent. Cependant les principales stratégies adoptées par les paysans sont en premier lieu l'utilisation massive des intrants chimiques (87% de réponses), la rotation des cultures et l'agroforesterie (75% de réponses de chacune), la canalisation (53%), et moyennement adoptées les fumures organiques (30%), le bas-fond et les brises vents (25% de réponses de chacune). Les autres stratégies telles que l'irrigation, la couverture végétale, le buttage et la lutte intégrée sont faibles utilisées par moins de 10% des paysans.

La quasi-totalité des paysans (87%) utilisent les intrants, parmi lesquels, les engrais chimiques que sont le NPK 20-10-10 et l'urée contenant 45% d'azote. Les doses appliquées sont en moyenne 200 kg ha^{-1} pour le NPK et 95 kg ha^{-1} pour l'urée. Ces doses appliquées avoisinent celles recommandées et vulgarisées dans la zone par les structures de recherche étatiques et qui sont de 200 kg ha^{-1} de NPK et 100 kg ha^{-1} d'urée. La quantité d'intrant apportée est de 6 sacs (4 sacs d'engrais NPK 20-10-10 et 2 sacs d'urée) par hectare pour la culture du maïs. L'utilisation des engrais reste moins importante pour le haricot, car la quasi-totalité des enquêtés n'utilise pas d'engrais chimique, affirmant que le haricot apporte l'engrais au sol. Ceci justifie la rotation de ces deux cultures par d*es* paysans. Car le haricot en tant que légumineuse, a la capacité de fixer l'azote atmosphérique via une symbiose de ses nodules avec les bactéries du genre rhizobiums. Ceci grâce à l'intervention de la nitrogénase qui est une enzyme capable de catalyser la transformation de l'azote atmosphérique afin de la rendre biodisponible dans le sol. La pauvreté des terres agricoles a rendu l'utilisation des fertilisants, surtout minéraux, indispensable à la production. Sans ces fertilisants il est difficile aux producteurs d'atteindre un rendement convenable (Sanou et al., 2018).

Tableau 2 : Récapitulatifs des diverses mesures d'adaptation prises par les paysans

Phénomènes climatiques	Mesures	Réponses (%)
En cas de sècheresse	Bas-fonds	25
	Irrigation	5
En cas d'excès de pluies	Canalisation	53
	Cordons pierreux	8
En cas de baisse de la fertilité	Rotation des cultures	75
	Intrants chimiques	87
	Fumures organiques	30
	Couvertures végétales	5
En cas de vents violents	Buttage	9
	Brises vents	25
	Pratiques	75
Attaques par des ravageurs	Lutte intégrée	2

Bon nombre des paysans (75%) essaient de pallier la pauvreté des sols par les rotations des cultures en alternant haricot et maïs. Selon eux, la production de maïs de l'année qui suis la culture de haricot est souvent meilleure. Ceci justifie la capacité du haricot de rendre biodisponible l'azote atmosphérique afin de restaurer la fertilité du sol qui sera bénéfique pour le bon développement et la croissance du maïs.

Les fumures organiques sont constituées de la matière organique comme le compost, issus des ordures ménagères, les fientes de volailles, les crottes de chèvres, de moutons et la bouse de vache. Ces fumures sont efficaces pour le maintien de la fertilité du sol à travers l'amélioration de sa structure physique, de ses propriétés chimiques et de sa composition biologique. Plusieurs travaux ont montré l'importance de l'apport de l'amendement organique dans le maintien de la qualité agronomique des sols (Hartemink et Bridges, 1995; INERA, 2000; Hibra-Samgue, 2004; FAO, 2007 ; Masto *et al.,* 2008).

En dehors de ces types de fumures organiques, Cinq pourcent (5%) des enquêtés affirment laisser la couverture végétale comme les tiges de maïs et les résidus foliaires du haricot. Ceci peut se justifier par le fait que ces résidus vont réduire le ruissellement de l'eau pour limiter l'érosion et de profité de la litière de ces derniers après sa dégradation par la macro et la microfaune du sol. Le paillage consiste à recouvrir le sol d'une couche d'environ 7 cm d'herbes généralement de résidus culturaux de façon à assurer la couverture du sol contre l'érosion éolienne et à stimuler l'activité des termites (Slingerland et Masdewel, 1996).

En cas des vents violents, 24% des enquêtés utilisent des haies brises vents, soit en laissant des arbres dans le champ, soit en implantant les haies vives afin de limiter les dégâts du vent en champs. Pour atténuer les pertes et de réduire ou de contrecarrer les effets de la verse ou de diversifier la production, 75% des paysans ont décidé de pratiquer l'agroforesterie. Car les systèmes agroforestiers jouent deux types de rôles à savoir l'adaptation et l'atténuation, à travers la diversification de la production et l'amélioration de la fertilité des sols et de la gestion de l'eau, ainsi que la séquestration du carbone. Les systèmes agroforestiers présentent des opportunités d'adaptations agroécologiques au changement climatique.

Pendant la période de sècheresse, 25% des paysans affirment utilisés des bas-fonds afin de profiter de l'humidité et de la fertilité du sol (cultures de contre saisons). Ce résultat confirme celui de Ogouwalé (2006) pour qui, les semis échelonnés et la culture des bas-fonds sont des stratégies paysannes pour faire face aux catastrophes agricoles. En cas d'augmentation des pluies, 53% des enquêtés affirment canaliser l'eau hors du champ afin d'éviter son introduction dans des parcelles exploitées pouvant conduire à l'inondation du champ et qui pourrons avoir des répercussions sur les cultures du maïs et du haricot. Ceci afin d'éviter que les plantes soient asphyxiées.

L'adaptation variétale consiste en l'utilisation des variétés nouvelles d'où la forte utilisation des variétés synthétiques et des hybrides au détriment des variétés traditionnelles par les enquêtés. Parmi les variétés améliorées, l'on peut citer SHABA, CMS 8704 et les hybrides qui sont utilisées par certaines coopératives recevant des dons d'origines externes à cause de leurs prix exorbitant et de leurs exigences en une certaine dose d'engrais. Selon Lawson (2012), pour l'adaptation aux effets du changement climatique, il est nécessaire de mettre au point de nouveaux matériels végétaux ou de nouvelles variétés qui pourraient supporter les nouvelles conditions climatiques du milieu. Les variétés à cycle court s'adaptent au raccourcissement de la saison des pluies. Cette pratique permet aux cultures de s'adapter à la baisse continue du nombre de jours de pluies et de la quantité d'eau (Savadogo *et al.,* 2011).

Concernant la protection des cultures contre les ravageurs et les animaux, les paysans ont adopté plusieurs méthodes à savoir les luttes chimiques, biologiques, physiques et mécaniques. Certains ont adopté même la lutte intégrée qui s'effectue avec les pièges à papillons surtout pour la culture de maïs. Ces boites contiennent des phéromones agissent comme des femelles attirant ainsi les mâles qui, en voulant s'accoupler finissent par tomber dans la boite contenant des toxines. Une fois dans la boite, les papillons mâles finissent par s'intoxiquer.

Pour pallier aux pertes du rendement des cultrures causées par les aleas climatiques, la quasi totalité des paysans ont diversifié leurs domaines d'activités (Tableau 3). Un bon nombre d'entre eux (61%) n'ont que l'agriculture comme activité principale. Mais avec la diminution des revenues de l'agriculture, la plus part des petits paysans (39%) associent l'agriculture à d'autres activités secondaires comme l'élevage des volailles et petits ruminants (11%), le commerce (38%) et les cultures maraichères (2%). Ceux qui pratiquents le commerce amputent une partie des revenues de la recolte pour ravitailler leurs boutiques. Certains vendent plutôt dans les marchés hebdomadaires de leurs localités. La divesification des activivitées peut se justifier par le fait que les revenues de l'agriculture qui reste encore largement pluviale ne peuvent pas couvrir les lourdes charges familliales des paysans.

Tableau 3: Diverses activités pratiquées par les apysans de Nga-ha

Activités des producteurs		Réponses (%)
Activité principale	Agricultures	**61**
Activités secondaires	Elévage	**11**
	Commerce	**38**
	Maraichages	**2**
	Transport	**1**

3.5. Relations entre paramètres climatiques et productions de maïs et haricot

3.5.1. Evolution des paramètres climatiques

Nous présentons d'abord l'évolution des paramètres climatiques et celle de productions du maïs et du haricot entre 2008 et 2019 dans l'Arrondissement de Ngan-ha, ensuite les relations entre les deux variables. Les principaux paramètres pris en compte dans cette étude sont les précipitations, la température et l'ensoleillement. Leur évolution entre 2008 et 2019 se fait sous forme d'alternance de faibles et fortes intensités (Figure 8). Pendant cette période, la zone a enregistré deux années de faibles précipitations à savoir 2011 et 2015, avec des valeurs respectives de 97,23 et 105,29 mm. Le régime aléatoire des précipitations constitue un risque pour l'agriculture en générale (Djohy *et al.*, 2015).

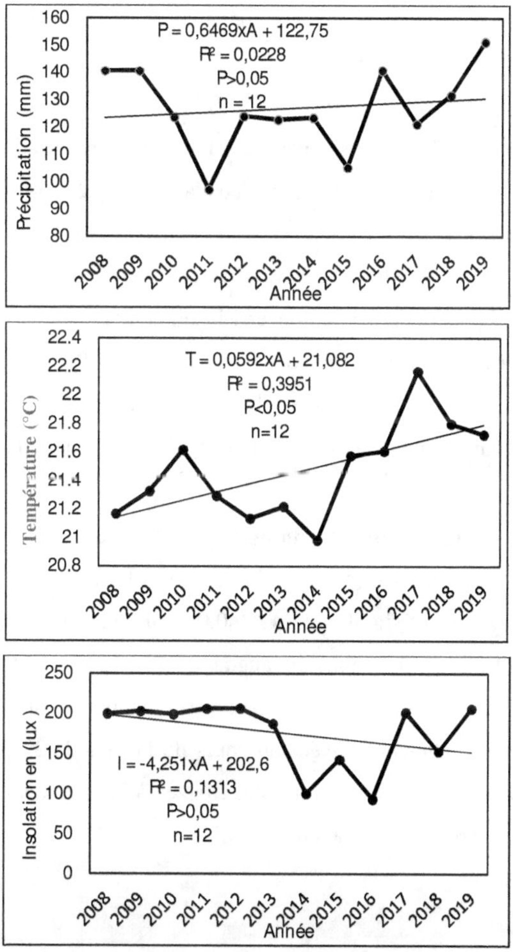

Figure 8 : Evolution entre 2008 et 2019, des paramètres climatiques pris en compte, les précipitations (a), la température (b) et l'insolation (c). Précipitation (P), Température (T), Insolation (I) et année (A).

Quant à la température, elle varie de 20,98 à 22,16°C respectivement en 2014 et en 2017, avec une augmentation nette de 1,18°C. La tendance évolutive de ce paramètre est en hausse et cela corrobore les résultats de Denhez (2007) qui a estimé que la température moyenne a globalement augmenté de 1.4°C en Afrique. Cette augmentation de la température aura des effets néfastes sur la production agricole (World Bank, 2013).

Pour l'insolation, elle varie entre 93,05 et 206,8 lux respectivement entre les années 2016 et 2019 dans l'arrondissement de Ngan-ha. Les plus faibles intensités d'insolation ont été observées pendant les années 2014 et 2016, avec des valeurs de 93,05 et 100,13 lux.

Dans l'ensemble la tendance évolutive de ces trois paramètres climatiques n'est pas nette pour la précipitation et l'insolation. Pour la température, son augmentation est nette et elle croit de façon significative ($P<0,05$) avec les années et son coefficient de détermination est de 0,395. Pour les deux autres paramètres, la tendance évolutive n'est pas significative ($P>0,05$) avec les années.

3.5.2. Evolution des productions du maïs et du haricot

Les productions du maïs et du haricot ont connu globalement des augmentations nettes et significatives ($P<0,05$) au cours de la période 2013 et 2019 (Figure 9). Ces productions ont augmenté de 11 247 à 23 970 t/ha pour le maïs et de 296,5 à 773 t/ha pour le haricot respectivement entre les années 2013 et 2019. Les fluctuations observées au cours de la période 2013 et 2019 dans l'arrondissement de Ngan-ha sont dues aux facteurs internes comme les variétés améliorées et externes comme le climat.

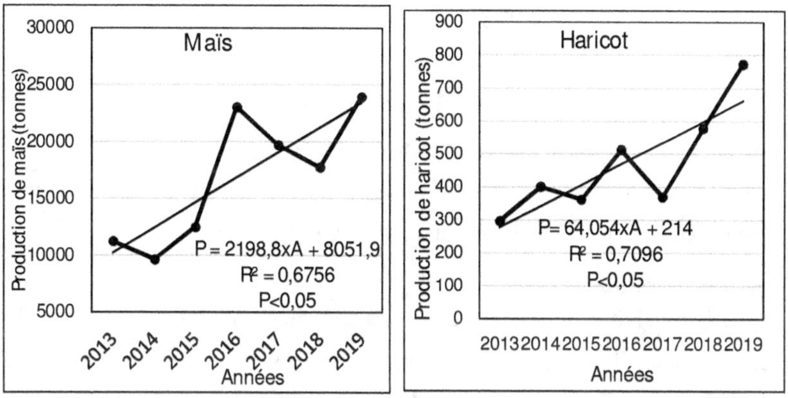

Figure 9 : Evolution de la production (P) du maïs et du haricot entre les années (A) 2013 et 2019.

3.5.3. Relations entre les paramètres climatiques et les productions du maïs et du haricot

Les relations entre les productions du maïs et du haricot varient selon le paramètre climatique et les spéculations (Figure 9). Les productions du maïs et du haricot sont corrélés positivement et significativement (P<0,05) avec les précipitations (Figure 9cet d) et leurs coefficients de détermination respectifs sont de 0,5714 et 0,7101. De même cette corrélation est significative (P<0,05) et positive entre la température et la production du maïs (Figure 9b), avec un coefficient de détermination de 0,4923. Par contre, les autres corrélations tels celles entre les productions du maïs et du haricot et l'ensoleillement (Figure 9 e et f) et celle de la température avec la production du maïs (Figure 9a) ne sont pas significatives (P >0,05).

Ces relations significatives entre la production de deux spéculations et les précipitations confirment que l'eau joue un rôle crucial pour la croissance et le développement des plantes. Elle est l'un des principaux facteurs de la production du maïs et du haricot. Selon Memento de l'agronome (2002), les deux cultures sont sensibles aux stress hydriques. Nos résultats confirment également ceux de

Amougou *et al.* (2014) sur l'impact de la dynamique du climat sur la production du maïs dans la partie littorale du Cameroun.

En n'outre un stress thermique au niveau de la germination mais surtout au niveau de la floraison affecte négativement la viabilité des pollens et par conséquent une baisse du rendement. Car le débordement de la température perturbe certains phénomènes métaboliques du fait qu'elle influence l'agriculture par l'impact direct qu'elle opère sur la croissance des végétaux. En effet, elle régule les activités métaboliques des plantes. Selon World Bank (2013), les cultures comme le maïs, le blé et le sorgho ont une sensibilité élevée à des seuils de températures importants et les rendements diminuent significativement quand ces seuils sont dépassés.

L'insolation n'a pas d'effet sur la production du maïs et du haricot; de même que la température sur le haricot. Ceci permet d'affirmer que la température et l'insolation sur le haricot et le maïs ne sont pas les seuls facteurs explicatifs de l'augmentation de la production, mais d'autres paramètres comme les variétés améliorées et de l'augmentation des surfaces de cultures peuvent contribuer à influencer les productions du maïs et du haricot. Nos résultats confirment ceux de Tchuenga *et al.* (2017) sur la dynamique pluviométrique et de son incidence sur la production du maïs à Dimako. Selon ces auteurs, l'augmentation de la superficie due à la croissance démographique et les semences utilisées seraient des facteurs explicatifs de l'augmentation de la production. Nos résultats sont similaires également à ceux de Noufé *et al.* (2011) sur la production du maïs et de l'igname en Zones Centre et Nord de la Côte d'Ivoire.

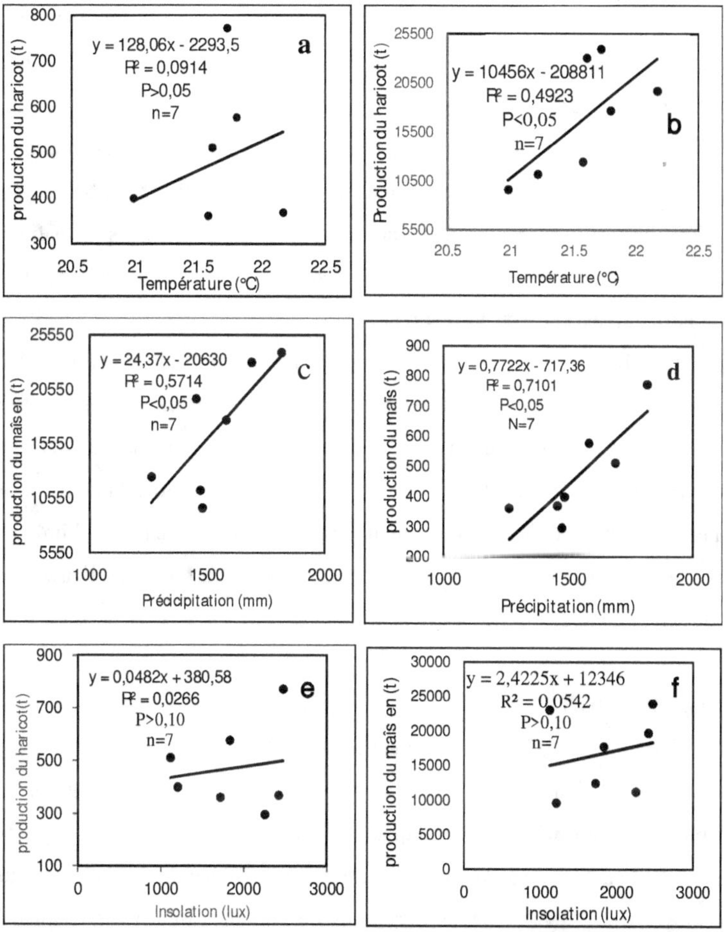

Figures 9 : Régressions linéaires entre les paramètres climatiques et les productions du maïs et haricot ; entre température et production du haricot (a) et maïs (b), entre précipitations et production haricot (c) et du maïs (d) et entre insolation et production haricot (e) et du maïs (f).

En définitive, il ressort de nos résultats que les changements climatiques à travers la baisse des précipitations ont un impact sur la baisse des productions du haricot et du maïs dans l'arrondissement de Ngan-ha, car cette production reste encore largement pluviale comme l'ont trouvé Sultan *et al.* (2013) et Thornton *et al.* (2009) sur les productions agricoles en Afrique de l'Ouest. Ils ont rapporté que les changements climatiques ont un effet majeur sur la production et le rendement du mil, du sorgho et du maïs. Ces résultats confirment ainsi la perception paysanne de Ngan-ha sur l'impact de la variation de certains paramètres climatiques à l'instar des précipitations et la température sur la baisse des productions du maïs et du haricot dans cet Arrondissement.

Par ailleurs, les paramètres climatiques ne sont pas les seuls à l'origine de la baisse de la production et du rendement, car les descentes faites sur le terrain montrent aussi que la présence des ravageurs et la technique culturale tels que la défriche-brûlis, le travail du sol, le sarclage ou l'entretien des champs, le non-respect de la densité des semis, la mauvaise utilisation des engrais chimiques et les usages ou non de variétés améliorées, ont leur part sur ces baisses de la production agricole comme l'ont montré Noufé *et al.* (2016).

4. CONCLUSION

Cette étude a pour but d'évaluer la perception paysanne des changements climatiques et leur impact sur la production de maïs et haricot dans l'arrondissement de Ngan-ha, Adamaoua Cameroun. Il ressort de nos analyses que les paysans sont unanimes que le climat a parfaitement changé au cours de ce décennie en s'appuyant sur les variations de certaines indicateurs climatiques comme la pluviométrie (71% de réponses), la température (53%), l'insolation (60%) et le vent (11%).

Les principaux facteurs responsables de la baisse de la production du maïs et du haricot sont les variations des paramètres climatiques (98% des réponses), Parmi ces indicateurs climatiques affectant plus la production du maïs et du haricot figurent les précipitations (61%) et le changement des saisons (61%). Les précipitations se manifestent par sa rarrêté, sa précocité d'arrêt, sa forte intensité et entraîne l'alternance inondations/sècheresse. Le changement climatique affecte indirectement la production de ces cultures à travers la dégradation de la qualité du sol (49%) et l'augmentation des insectes qui causent des maladies et des dégâts (67% des réponses) aux cultures.

La perception paysanne de l'impact de changement climatique sur la production des cultures est valorisée par les résultats obtenus sur les relations entre la production et les paramètres climatiques. Car les principaux indicateurs climatiques indexés par les paysans de Ngan-ha sont la pluviométrie et la température. Et ces derniers sont corrélés positivement et significativement ($P<0,05$) avec la production du maïs et du haricot. Face à tous ces aléas climatiques, les paysans ne sont pas restés inattentifs (66%). Ils ont adopté plusieurs mesures d'adaptation dont les principaux sont l'augmentation des intrants agricoles (87%), l'amélioration des itinéraires techniques (75%) et la pratique de l'agroforesterie (75%), sans oublier les activités génératrices des revenus.

Cependant beaucoup reste à faire dans le domaine des itinéraires technique tel que le respect de la densité des semis, l'utilisation rationnelle des intrants, etc… Il est souhaitable que l'Etat met sur pied un programme de financement pour l'achat des matériels agricoles adéquats mais également une politique de suivi des paysans via l'utilisation des techniques agricoles adaptées d'une part et un programme régional d'adaptation face au changement climatique d'autre part. Ceci permettra de combattre l'insécurité alimentaire au Cameroun en général et en particulier dans l'Arrondissement de Ngan-ha, grenier principal de maïsiculture du Cameroun mais aussi un grand bassin de production des légumineuses comme le haricot au Cameroun.

REFERENCES BIBLIOGRAPHIQUES

Abossolo S. A., Batha R. A. S. et Djeugang A. B., 2015. Identification des risques pluviométriques sur la culture du maïs dans l'arrondissement de Penka-Michel, dans les hautes terres de l'Ouest du Cameroun. *Afrique Science : Revue Internationale des Sciences et Technologie*, 11(2) : 136-146.

Adesina A. A., 2000. Factors affecting the adoption of fertilizers by rice farmers in Côte d'Ivoire. *Nutrient Cycling in Agroecosystems*. 46 (1): 29-39.

Alhassane A., Salack S., Ly M., Lona I., Traore S.B. et Sarr B., 2013. Evolution des risques agroclimatiques associés aux tendances récentes du régime pluviométrique en Afrique de l'Ouest soudano-sahélienne. *Science et changements planétaires/ Sècheresse*, 24 (4) : 282-293.

Amougou A. J., Dzana J. G., Abossolo S. A., Haman U. et Batha R. A., 2014. Dynamique du climat et impact sur la production du maïs dans la partie littorale du Cameroun : une application dans le département du Wouri de 1961 à 2008. *Open Sciences Repository Geography*, e23050485.

Ardoin B. S., 2004. Variabilité hydroclimatique et impact sur les ressources en eau de grands bassins hydrographiques en zone soudano-sahélienne. Thèse de Doctorat de l'Université de Montpellier II, France, 330 p.

ASECNA, 2019. Rapport annuel. 150 p.

Ashley J., 1999. Food Crop and Drought. Dans : CTA Macmillan Education Limited, London and Basingtoke, 133 p.

Badu-Apraku B., Abeam F. J., Menkir A., Fakorede M. A. B., Obeng-Antwi K. et Thé C., 2003. Genotype by environment interactions in the regional early variety trials in West and Central Africa. *Maydica*, 48(2): 93-104.

Bationo A., Hartemink A. E., Lungo O., Naimi M., Okoth P., Smaling E. M. A. et Thiombiano L., 2006. African soils: their productivity and profitability of fertilizer use: background paper for the African Fertilizer Summit 9-13th June, Abuja, Nigeria, 19 p.

Baudoin J-P. 2001. Contribution des ressources phytogénétiques à la sélection variétale de légumineuses alimentaires tropicales. *Biotechnology, agronomy, society and environment*, 5(4): 221-230.

Bayuelo-Jiménez J. S, Debouck D. G et Lynch J. P., 2003. Growth, gas exchange, water relations, and ion composition of Phaseolus species grown under saline conditions. *Field Crops Research*, 80 3: 207-222.

Brown O. et Crawford A., 2008. Évaluation des conséquences des changements climatiques sur la sécurité en Afrique de l'Ouest : Étude de cas nationale du Ghana et du Burkina Faso. IIDD, Canada, 52 p.

Caquet T., 2014, Des systèmes innovants face au changement climatique, INRA Dept EFPA/MP ACCAF, Science et Impact. APCA-ADEME, Paris, France, 16 p.

Chenafi H., Aïdaoui A., Bouzerzour H. et Saci A., 2006. Yield response of durum wheat (*Triticum durum* Desf.) cultivar Waha to deficit irrigation under semi-arid growth conditions. *Asian Journal of Plant Sciences*, 5: 854-860.

CIAT, 2014. Temps forts. Un meilleur accès des agriculteurs aux semences de variétés améliorées de haricot au Rwanda Kampala, Uganda, 88 p.

DAADER, 2017. Rapport physique des statistiques agricoles annuelles de Ngan-ha, 25p.

Denhez F., 2007. Atlas du réchauffement climatique - Un risque majeur pour la planète. Paris, Editions Autrement, 79 p.

Djohy G. L., Boï Wosso E., Kinzo N. E., 2015. Variabilité climatique et production cotonnière dans la commune de Kandi au nord Bénin. XXVIIIe Colloque de l'Association Internationale de Climatologie, 6 p.

Doukpolo B., 2007. Variabilité et tendances pluviométriques dans le nord-ouest de la Centrafrique : enjeux environnementaux. [En ligne] URL : http ://www irs mémoires online/es/telcam/géo, consulté le 10-10-2020.

Edmeades G.O., Bolanos J. et Lafitte H.R., 1992. Progress in breeding for drought tolerant in maize. Dans: Wilkinson D. (ed.) Proceeding 47th Annual Corn and Sorghum Ind. Res. Conf., Chicago, Illinois, Washigton, DC, pp. 93-111.

Edmeades G.O., Banziger M., Chapman S.C., Ribaut J.M. et Bolaños J., 1995. Recent Advances in Breeding for Drought Tolerance in Maize. Paper presented at the West and Central Africa Regional Maize and Cassava Workshop, Cotonou, Benin Republic.

FAO, 2007. Situation mondiale de l'agriculture et de l'alimentation dans le monde, enseignements des 50 dernières années, Rome, Chap. II, 312 p.

FAO, 2011a. Analyse Globale de la Sécurité Alimentaire et de la Vulnérabilité au Cameroun, 59 p.

FAO, 2011b. Impact du changement climatique sur les disponibilités en eau pour l'agriculture. La FAO fait le point sur les avancées scientifiques et les zones d'ombres. Dans : FAO. *Espace presse,* [En ligne]. http://www.fao.org/news/story/fr/item/79968/icode/.

Fomekong F. et Ngono G., 2004. Institut National de la Statistique, Cameroun changement climatiques, production agricole et effets sur la population au Cameroun, 4 p.

García de Cortázar A. I., 2006. Adaptation du modèle STICS à la vigne (*Vitis vinifera* L.). Utilisation dans le cadre d'une étude du changement climatique à l'échelle de la France. Thèse pour l'obtention du grade de docteur de l'École Nationale Supérieure d'Agronomie de Montpellier, 349 p.

Geerts P., Toussaint A., Mergeai G. et Baudoin J. P., 2011. *Phaseolus* immature embryo rescue technology. Plan Embryo Culture, pp 117-129.

GIEC, 2001. Climate change 2001: Impacts, Adaptation & Vulnerability. Contribution of Working Group 2 to the Third Assessment Report. Cambridge University Press 100 p.

GIEC, 2007. Climate Change 2007. The Physical Science Basis. Contribution of Working Group, I to the Fourth Assessment Report of the Intergovernmental Panel on Climate Change, *Dans*: Solomon S., Qin D., Manning M., Chen Z., Marquis M., Averyt K.B., Tignor M. et Miller H.L. (eds.). Cambridge University Press, Cambridge, United Kingdom and New York, NY, USA, 996 p.

GIEC, 2014. Adaptation de l'agriculture aux changements climatiques. *La decouverte,* 60 p.

Hartemink A.E., et Bridges E.M., 1995. The influence of parent material on soil fertility degradation in the coastal plain of Tanzania. *Land Degradation and rehabilitation,* 6 (4) : 215 - 221.

Hibra-Samgue V., 2004. Gestion durable de la fertilité des sols sahéliens : stratégies adaptatives des paysans du plateau central du Burkina Faso face à la variabilité climatique. Cas de la province du Zandoma. Mémoire de DESA, Université Abdou Moumini, Niger, 79 p.

INERA, 2000. Bilan de 10 années de recherches 1988-1998. Document MESSRS/CNRST/ Burkina Faso, édition CTA. 115 p.

INS (Institut National de la Statistique), 2017. Changements climatiques et indicateurs de mesure, 32 p.

IPCC 2014a. The IPCC's Fifth Assessment Report: What's in it for Africa? - Executive Summary. Cambridge and New York: Cambridge University Press, 35p.

IPCC, 2014b, « Climate Change 2014: Impacts, Adaptation, and Vulnerability. Part B: Regional Aspects. Contribution of Working Group II to the Fifth Assessment Report of the Intergovernmental Panel on Climate Change », *Dans*: Barros, V.R., Field C.B., Dokken D.J., Mastrandrea M.D., Mach K.J., Bilir T.E., Chatterjee M., Ebi K.L., Estrada Y.O., Genova R.C., Girma B., Kissel E.S., Levy A.N., MacCracken S., Mastrandrea P.R. et White L.L. (eds.), Cambridge University Press, Cambridge, United Kingdom and New York, NY, USA, pp. 688.

Kambire H., Abdel-Rahman G., Bacyé B. et Dembele Y., 2010. Modeling of Maize Yields in the South-Sudanian Zone of Burkina Faso - West Africa. *American-Eurasian Journal of Agriculture & Environmental Sciences*, 7 (2): 195-201, 2010

Kidjok, 2012. Variabilité climatique et adaptation des cultivateurs de maïs dans l'arrondissement de Bafia. Mémoire de DIPES II, Université de Yaoundé I, 99 p.

Lawson R. G., 2012. Caractérisation morphologique d'arbres élites d'anacardier (*Anacardium occidentale*, Linnaeus) et essai d'amélioration du matériel végétal par greffage au Bénin. Mémoire pour l'obtention du Diplôme d'Ingénieur Agronome à la Faculté d'Agronomie, Université de Parakou, 72 p.

Magorokosho C., KPixley K.V. et Tongoona P., 2003. Selection for drought tolerance in two tropical maize populations. *African Crop Science Journal*, 11(3) : 151-161.

Masto R.E., Chonkar P.K., Purakayaska T.J. et Singh D., 2008. Soil quality indices for evaluation of long-term land use and soil management practices in semi-arid sub-tropical India. *Land Degradation and Development,* 19 (5): 516 – 519.

Mbukula M., Matondo N.K., Buruchara R., Rubyogo J.C., Lunze L., Nitumfuidi S. et Matuta S., 2018. "Influence de différentes doses d'engrais minéraux et des fréquences d'arrosage sur le rendement du haricot commun (*Phaseolus vulgaris* L.)". *International Journal of Development Research*, 8 (07) : 21677-21686.

Memento de l'agronome, 2002 Agriculture spéciale. PP 777 – 879.

Mufind K. M., Tshala U. J., Kitabala Misonga A., Nyembo Kimuni L., 2017. Réponse de huit variétés de haricot commun (*Phaseolus vulgaris* L.) à la fertilisation minérale dans la région de Kolwezi. *Journal of Applied Biosciences,* 111: 10894-10904.

Müller C., Bondeau A., Popp A., Waha K. et Fader M., 2009. «Climate Change Impacts on Agricultural Yields», *Washington DC: World Bank* 2010.

Niang I., 2009. Le changement climatique et ses impacts : les prévisions au niveau mondial, *Dans :* IEPF (eds.), Adaptation au changement climatique. Liaison Énergie-Francophonie, France, pp 13-19.

Nkamleu G.B. et Adesina A.A. 2000. Determinants of chemical input use in periurban lowland systems: bivariate probit analysis in Cameroon. *Agricultural Systems,* 63(2) : 111-121.

Noufé D., Lidon B., Mahe G., Servat E., Brou Y. T., Koli B. Z. et Chaléard J. L., 2011. Variabilité climatique et production de maïs en culture pluviale dans l'Est ivoirien. *Hydrological Sciences Journal.,* 56 (1) : 152 - 167.

Noufé D., Lidon B., Mahe G., Servat E., Brou Y.T., Koli B.Z. et Chaléard J.L., 2016. «Impact de la variabilité climatique sur la production du maïs et de l'igname en Zones Centre et Nord de la Côte d'Ivoire. *Agronomie Africaine*, 27 (3) : 1-15.

Nyabyenda P., 2005. Les plantes cultivées en régions tropicales d'altitude d'Afrique. Ed.

Ogouwalé E., 2006. Changements climatiques dans le Bénin méridional et central : indicateurs, scénarios et prospectives de la sécurité alimentaire. Thèse de Doctorat Unique, EDP/FLASH, UAC, 302 p.

Parry M., Parry M.L., Osvaldo C., JEAN P. et Paul. Van der L., 2007. Impacts, Adaptation & Vulnerability. Contribution of Working Group 2 to the Third Assessment Report. Cambridge University Press.

PCD, 2013. Elaboration du plan de développement communal de Ngan-ha. : rapport consolide du diagnostic participatif, 3: 83 p.

Rabe M.M., Baoua I., Adeo R., Sitou L., Amadou L., Pittendrigh B. et Mahamane S., 2017. Les déterminants socioéconomiques de l'adoption des technologies améliorées de production du niébé diffusées par les champs écoles paysans dans les régions de Maradi et Zinder au Niger. *International Journal of Biological and Chemical Sciences,* 11(2): 744-756.

Saha F. et Tchuenga S.T.G., 2017. Le maïs : une céréale à multiples usages au Cameroun sous la menace des contraintes climatiques et de ravageurs. *Afrique Science,* 13(6) : 177 – 188.

Sanou k., Amadou S., Adjegan K. et Tsatsu K.D., 2018. Perceptions et stratégies d'adaptation des Producteurs agricoles aux changements Climatiques au nord-ouest de la région des Savanes du Togo. *Agronomie Africaine*, 30 (1) : 87 - 97.

Savadogo M., Sambo J., Seydou O. et Zabré S., 2011. Catalogue de bonnes pratiques d'adaptation aux risques climatiques au Burkina Faso. CUICN, Ministère de l'Environnement et Développement Durable, Burkina Faso, 60 p.

Sciama Y., 2008. Le changement climatique : une nouvelle ère sur la Terre. Collection La petite encyclopédie Larousse, Deuxième Édition, France, Larousse, 128 p.

Silue S., Jacquemin J. et Baudoin J., 2010. Utilisation des mutations induites pour l'étude de l'embryogenèse chez le haricot *P. vulgaris* L. et deux plantes modèles, *Arabidopsis thaliana* (L.) Heynh. et *Zea mays* L. *Biotechnologie, Agronomie, Société. et Environnement,* 15 (1) : 195-205.

Slingerland M et Masdewel M., 1996. Mulching on the Central Plateau of Burkina Faso: widespread and well adapted to farmers' means. In Sustaining the sail: indigenous soil land water conservation in Africa, Reij, Scoones et Toulmin (eds). Earthscan: London; 85-89

Sultan B., Roudier P., Quirion P., Alhassane A., Muller B., Dingkuhn M., Ciais P., Guimberteau M., Traore S. et Baron C., 2013. Assessing climate change impacts on sorghum and millet yields in the Sudanian and Sahelian savannas of West Africa. *Environmental Research Letters,* 8(1) : 014-040.

Tchuenga S.T.G, Amougou A.J. et Tchindjang M., 2017. Dynamique pluviométrique et de son incidence sur la production du maïs à Dimako, Région de l'Est du Cameroun, Chapitre 8, pp 139-154.

Tec et Doc, *les Presses Agronomique de Gembloux*. Bruxelles, 225 p.

Thornton P.K., Jones P.G., Alagarswamy G. et Andresen J., 2009. Spatial variation of crop yield response to climate change in East Africa. *Global Environmental Change,* 19(1): 54–65.

Turral H., Burke J. et Faurès J.M., 2011. Climate Change, Water and Food Security. *Water report,* 176 p.

World Bank, 2013. Turn Down the Heat: Climate Extremes, Regional Impacts, and the Case for Resilience - A report for the World Bank by the Potsdam Institute for Climate Impact Research and Climate Analytics. Washington DC, 254 p.

Yakouba O., Saïdou AA., Madi A., Watang Zieba F. et Fokou Yemeta O., 2017. Perception paysanne des perturbations pluviométriques et stratégies d'adaptation dans les systèmes de culture à sorgho repiqué en zone soudano-sahélienne du Cameroun. *Afrique* Science, *13(4) : 50 – 65.*

Zhao Y., Wang C. et Wang S., 2005. Impacts of present and future climate variability on agriculture and forestry in the sub-humid and humid tropics. *Climate Change,* 70 (1): 73-116.

ANNEXES

Annexe 1

FICHE D'ENQUETE RELATIVE A LA PERCEPTION PAYSANNE DE L'EFFET DU CHANGEMENT CLIMATIQUE SUR LA PRODUCTION DU MAÏS ET DU HARICOT DANS L'ARRONDISSEMENT DE NGAN-HA

Fiche n°..........

Date de l'entretien : ____ / _____ / _____ non du village : __________________

I. Identification de l'enquêté

Nom: ......

Numéro :

Sexe: M ☐ F ☐

Situation matrimoniale : marié(e) ☐ célibataire ☐ veuf (ve) ☐ divorcé(e) ☐

Ethnie : ....

Niveau d'instruction : Analphabète ☐ primaire ☐ Secondaire ☐ Universitaire ☐

Âge/intervalle d'âge : ....

Depuis combien de temps habitez-vous dans ce village :......................

Q1 : QUESTION RELATIVES AU CHANGEMENT CLIMATIQUE ET SON IMPACT SUR LA PRODUCTION ET LE RENDEMENT DU MAÏS ET DU HARICOT

1.1 Avez- vous déjà entendu parler des changements climatiques ?

Oui ◯ Non ◯

Où?

....

-C'est quoi le changement climatique selon vous ?

1.2. Avez- vous remarqué un changement climatique au cours des douze (12) dernières années ? Oui ◯ non ◯

Si oui : température ☐ pluviométrie ☐ insolation ☐

autres …………

1.3- y'a-t-il des variations du rendement du maïs et du haricot ?

Oui ☐ non ☐

1.4 Cause des variations du rendement agricole du maïs et du haricot

Changement du climat ☐ choix de variétés ☐ manque d'intrants ☐

maladie ☐

1.5 Ce changement a-t-il eu un effet sur les rendements agricoles ?

Oui ◯ Non ◯

Si oui, comment?

…………………………………………………………………………………

1.6 Quel est d'après vous les facteurs qui ont le plus d'effets sur la production du maïs et du haricot ? Température ☐ Pluviométrie ☐ insolation ☐

sol ☐ changement de saisons ☐ autres …………

1.7 Les saisons agricoles se déroulent-elles de la même façon qu'auparavant ?

Oui Pourquoi ?

…………………………………………………………………………………

Non Pourquoi ?

…………………………………………………………………………………

1.8 Evolution de la production du maïs et du haricot au cours des douze dernières années

Baisse ☐ stable ☐ augmentation ☐

1.9 L'effet du climat, sur la production, affecte-t-il les revenus ?

OUI ◯ NON ◯

Oui :…………………………………………………………………………………

1.10 Ce changement a-t-il eu un effet sur le niveau de vie des ménages ?

Oui ◯ Non ◯ si oui, comment ?

Argumentez :

....

Q2 : QUESTIONS RELATIFS AUX MESURES D'ADAPTATION

2.1 Prenez-vous des mesures d'adaptation au changement climatique ?

Oui ☐ non ☐

Si oui, lesquelles ? ....

2.2 En cas de baisse de précipitations quelle mesure d'adaptation vous utilisez pour faire face ?

2.3 En cas d'augmentation des pluies quelle mesure d'adaptation vous utilisez pour faire face ?

2.4 En cas de perte de fertilité du sol quelles mesures utilisez-vous ?

Quels types d'intrants utilisez-vous ? 1 -chimiques 2 organiques

1 : pourquoi ?

....

2 : pourquoi ?

....

2.5 - En cas de vents violents quelles mesures utilisez-vous ?

2.6 La pratique de l'agro- écologie et l'agroforesterie peut-il vous aider à atténuer ces effets du changement climatique ? (Ici il faut bien expliquer aux paysans l'agro -écologie et l'agroforesterie)

Oui ☐ non ☐

Si oui lequel des deux pratiques est meilleur ?

2.7 _ Avez-vous une activité secondaire autre que l'agriculture ?

Oui ◯ Non ◯

Si oui, Commerce ☐ Elevage ☐ transport ☐

Q3 : QUESTIONS RELATIVES A AGRICULTURE

3.1 Superficie de terres d'emblavée ?

0 à 2 2 à4 4 à 6 ha 6à 8 ha 8à 10 ha + 10 ha

3.2 quel technique cultural utilisé pour la production du maïs et haricot dans votre champs ?

Rotation ☐ culture sur brulis ☐ association des cultures ☐

autres ☐

3.3 outils ☐ utilisés ☐ Houe ☐ Machette ☐

charrue ☐ Motoculteur ☐ Hache ☐

autres.................

Main d'œuvre modes culture autres

3.4. Associez-vous vos cultures du maïs haricot et de ?

Oui ◯ Non ◯

3.6 Si oui lesquelles ? Arachide ☐ Ignames ☐ Pomme de terre

Autre ☐

Le maïs et le haricot sont des cultures prioritaires pour vous ? si oui pourquoi ? si non pourquoi ?

3.7. Quels types d'intrants utilisez-vous ?

1 -chimiques 2 organiques, 3 les deux

1 : pourquoi ?

....

2 : pourquoi ? ....

3 : pourquoi ? ....

3.8. Evolution du rendement du maïs et du haricot au cours des dix dernières années

Baisse ☐ stable ☐ augmentation ☐

3.9. Quels sont les différentes cultures que vous pratiquez ?

……………………………….

3.10. Chiffres clé d'exploitation

Quantité produite	Nombres de sac (100kg)
Autoconsommé	
Vendu	
Autre (à préciser)	

Annexe 2

Statistique agricole sur la production en fonction de la surface (DAADER, 2019)

ANNEE	Spéculati	Superfic	Superfic	Producti	Producti	Rendeme	Rendeme
2013		4680	4 046	12636	11247	2,7	2,7
2014			9666		24165		2,5
2015		9 855	6 650	55 020	12 500	5,58	1,87
2016		9 500	7 210	40 000	23 072	4,21	3,2
2017		8 500	6 800	29 750	19 720	3,5	2,9
2018			6 550	19 650	19 755		3,01
2019		7 500	7 054	26 250	23 970	3,5	3,5

SOURCE : Rapports annuels du DAADER

ANNEE	Spéculati	Superfic	Superfic	Producti	Producti	Rendeme	Rendeme
2013		360	380	252	296,5	0,7	0,78
2014			400		369		1,59
2015		582	450	698,4	362	1,2	0,80
2016		800	520	920	512	1,5	0,98
2017		700	630	700	370	1	0,6
2018			595	595	578		0,97
2019		680	780	780	773	1	0,99

SOURCE : Rapports annuels du DAADER (2020)

Perception paysanne et modélisation des effets du changement climatique sur le rendement d'igname dans le Département de la Vina, Adamaoua Cameroun

MAMOUT Oumarou[1], RANAVA Dieudonné[2], IBRAHIMA Adamou[1], MOUSTAPHA Moussa[1], MAMADOU LAMINOU Mal Amadou[3] et BABE NDARA Grégoire[1]

[1]Laboratoire des Biodiversités et Développement Durable, Faculté des Sciences, Université de Ngaoundéré, BP 454, Ngaoundéré, Cameroun.
[2]Centre de Recherche de Wakwa, Institut de Recherche Agricole pour le Développement, BP xx, Ngaoundéré, Cameroun.
[3]Centre Régional de la Recherche et d'Innovation de l'Adamaoua, PB 65 Ngaoundéré, Cameroun.

Résumé

Cette étude examine l'impact du changement climatique sur la production d'igname dans le département de la Vina, région de l'Adamaoua au Cameroun, en se basant sur les perceptions des agriculteurs et des modèles climatiques. La méthodologie combine des enquêtes, des analyses qualitatives et quantitatives utilisant des modèles de régression linéaire multiple pour estimer l'impact du changement climatique sur le rendement d'igname. Les résultats montrent que 90 % des agriculteurs ont observé une diminution du rendement au cours de la dernière décennie, et cela a été attribué principalement à l'augmentation de la température et à la variabilité accrue des précipitations. Les prévisions indiquent que si les tendances actuelles persistent, la production pourrait varier d'ici 2035. Par exemple, un scénario d'augmentation modérée de la température et des précipitations projette un rendement de 11,0 t/ha à Mbé, tandis qu'un scénario plus défavorable prévoit une réduction à 9,0 t/ha. Ces résultats soulignent l'importance des stratégies d'adaptation au changement climatique, telles que l'utilisation de variétés résistantes et l'amélioration des pratiques agricoles pour atténuer ces impacts climatiques. Les projections climatiques pour 2035 mettent en évidence la nécessité de renforcer les capacités d'adaptation des agriculteurs et d'adopter des pratiques résilientes pour assurer la durabilité de la production d'igname dans un climat en évolution afin de lutter contre l'insécurité alimentaire dans le département de la Vina en particulier et dans la Région de l'Adamaoua en général.

Mots-clés : Changement climatique, Rendement, Igname, Stratégies d'adaptation, Vina, Cameroun.

Abstract

This study examines the impact of climate change on yam production in the Vina Division, Adamawa region of Cameroon, based on farmers' perceptions and climate models. The methodology combined surveys, qualitative and quantitative analyses using multiple linear regression models to estimate the impact of climate change on yam yield. The results showed that 90% of farmers observed a decrease in yield over the last decade, and this was attributed mainly to increasing temperature and increased rainfall variability. Projections indicated that if current trends persisted, production could vary by 2035. For example, a moderate increased in temperature and rainfall scenario projects a yield of 11.0 t/ha in Mbé, while a more unfavourable scenario predicted a reduction to 9.0 t/ha. These results highlighted the importance of climate change adaptation strategies, such as the use of resistant varieties and improved agricultural practices to mitigate these climate impacts. Climate projections for 2035 highlighted the need to strengthen farmers' adaptive capacities and adopted resilient practices to ensure the sustainability of yam production in a changing climate in order to combat food insecurity in the Vina Division in particular and in the Adamaoua Region in general.

Key-words : climate change, Yield, yam, adaptation strategies, Vina Division, Cameroon.

1. INTRODUCTION

Le climat joue un rôle fondamental dans l'agriculture, particulièrement en Afrique subsaharienne où près de 93 % des terres cultivées dépendent de l'agriculture pluviale (FAO, 2011). Ce type d'agriculture est directement influencé par les variations climatiques, comme les sécheresses, les inondations et les irrégularités des pluies. Cette situation exacerbe l'insécurité alimentaire dans des régions déjà fragiles économiquement, en raison d'une forte dépendance à l'agriculture de subsistance et de faibles ressources pour adopter des technologies adaptées, comme l'irrigation (PNUD, 2004).

Les famines observées en Afrique depuis les années 1970, notamment celles de 1974, 1984-1985 et 1992 ont toutes été en partie causées par des variations climatiques (Dilley *et al.,* 2005). Dans ce contexte, comprendre et anticiper les fluctuations climatiques sont devenus une priorité pour garantir la sécurité alimentaire, surtout dans des pays où le secteur agricole contribue à 70 % de l'emploi et représente entre 15 et 20 % du PIB (FAO, 2003).

La population mondiale, estimée à 7,7 milliards en 2019, devrait atteindre 9,7 milliards d'ici 2050, avec une forte croissance concentrée en Afrique (FAO, 2018). Cette croissance démographique, couplée à une augmentation continue des émissions de gaz à effet de serre (GES), aggrave les pressions sur les ressources agricoles. Entre 1970 et 2010, la concentration des GES dans l'atmosphère a augmenté de manière significative, impactant les régions les plus vulnérables (GIEC, 2014). Les agriculteurs des pays en développement sont les plus touchés par ce changement climatique qui se manifestent par une augmentation de la température et une irrégularité des précipitations (Iglesias *et al.,* 2007).

Parmi les cultures vivrières, l'igname (*Dioscorea spp.*) est particulièrement importante dans plusieurs pays tropicaux d'Afrique, d'Océanie et d'Amérique latine. En 2017, la production mondiale d'igname s'élevait à 71 millions de tonnes, dont plus de 93 % étaient concentrées dans les savanes entourant le Golfe de Guinée (FAOSTAT, 2019). Le Nigeria, à lui seul, produit plus de 70 % de cette production mondiale, assurant la sécurité alimentaire d'au moins 60 millions de personnes (Sanginga et Mbabu, 2015). L'igname n'est pas seulement un aliment de base, mais aussi une source de revenus pour des millions de petits agriculteurs. Cependant, cette culture est particulièrement sensible aux conditions climatiques. Les fortes variabilités climatiques, comme les changements dans la durée des précipitations, ou encore les vents violents et les maladies des cultures, impactent négativement la production (Yabi et Afouda, 2012). Ces perturbations entraînent une baisse significative des rendements agricoles, ce qui fragilise la sécurité alimentaire des ménages ruraux et accroît la pauvreté (Srivastava *et al.*, 2012).

Dans le département de la Vina, Région de l'Adamaoua, Cameroun, la culture de l'igname revêt une importance particulière. Bien que cette région soit l'un des plus grands bassins de production de ce tubercule, les perturbations climatiques, récurrentes de ces dernières années, ont eu des répercussions considérables sur la production. La culture de l'igname, pratiquée par environ 3 000 exploitations est en majorité destinée à la commercialisation. Cependant, les fluctuations climatiques menacent cette activité, nécessitant une adaptation rapide et efficace des systèmes de production pour garantir la résilience du secteur agricole (GIEC, 2007). C'est dans cette perspective que s'inscrit le thème «Perception paysanne des effets du changement climatique sur le rendement de l'igname dans le département de la Vina, l'Adamaoua-Cameroun », surtout qu'aucune information n'est disponible sur l'impact de la variation climatique sur la production d'igname dans la Région. L'objectif général de ce travail est de contribuer à la valorisation des connaissances traditionnelles de l'impact de la variation climatique sur les rendements agricoles. En d'autres termes, il s'agit de 1) évaluer les perceptions paysannes de l'évolution des paramètres climatiques, 2) déterminer les stratégies d'adaptation développées par les paysans pour faire face aux impacts du changement climatique sur la production de l'igname, 3) et enfin déterminer les relations entre les paramètres climatiques et le rendement d'igname dans la Vina afin de valoriser les connaissances traditionnelles et assurer durablement la production d'igname en quantité et en qualité .

2. MATERIEL ET METHODES

2.1. Sites d'étude

Les investigations ont été menées dans trois sites du département de la Vina, à savoir Mbé, Nyambaka et Ngan-ha (Figure1), qui sont les bassins de production d'igname. Mbé est situé à 7°53' de latitude Nord et 13°35'51 Est, Nyambaka à 5° 53 00 de latitude nord et 14° 06 00 de longitude Est et Ngan-ha à une latitude 7° 26'00 Nord et une longitude 13° 56' 00 Est.

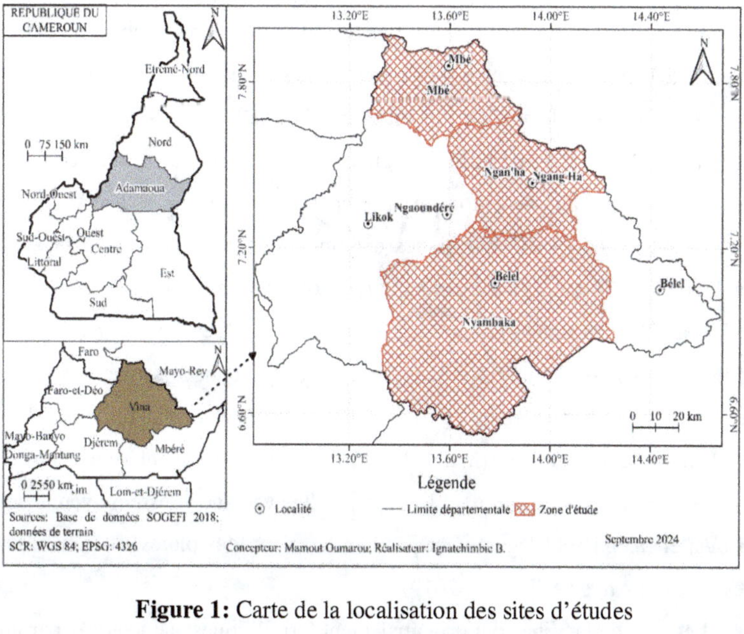

Figure 1: Carte de la localisation des sites d'études

Le département de la Vina, situé dans la région de l'Adamaoua au Cameroun, présente une diversité géographique et écologique qui influence ses dynamiques socio-économiques. Cette région, couvrant une superficie d'environ 17 196 km², est un carrefour entre les zones forestières du sud et les savanes du nord, ce qui se reflète dans ses caractéristiques physiques et climatiques (MINEPAT, 2020).

Le relief de la Vina est varié, avec des plateaux ondulés entrecoupés de vallées et de collines. L'altitude moyenne est d'environ 1 000 mètres, ce qui influence le climat local en rendant les températures plus modérées par rapport aux zones basses (MINEPAT, 2020). Ce relief offre également un potentiel pour l'élevage et l'agriculture diversifiée.

Le climat de la Vina est tropical humide avec une saison des pluies de sept mois s'étendant d'avril à octobre, suivie d'une saison sèche de cinq mois de novembre à mars (MINEPAT, 2020). Les précipitations annuelles varient entre 1 000 et 1 500 mm, favorisant des activités agricoles diversifiées, notamment la culture de l'igname, du maïs et du manioc (MINADER, 2019). Cependant, le changement climatique a perturbé ce régime, entraînant une variabilité accrue des précipitations, une augmentation de la température moyenne et une fréquence accrue d'événements météorologiques extrêmes telles que la sécheresse et les inondations (IPCC, 2021). La température moyenne annuelle qui oscille entre 23°C et 25°C, avec des pics pouvant atteindre 32°C pendant la saison sèche (ASECNA, 2019). L'humidité relative est élevée pendant la saison des pluies, avec une valeur comprise entre 70 % et 80 %, tandis qu'elle chute à environ 30 % à 40 % durant la saison sèche (MINEPAT, 2020). Les vents, quant à eux, soufflent généralement du nord-est pendant la saison sèche avec une vitesse moyenne de 2 à 3 m/s, et ralentissent légèrement pendant la saison des pluies, atteignant une vitesse de 1 à 2 m/s (ASECNA, 2019).

Les sols de la Vina sont principalement ferrallitiques, caractérisés par une forte teneur en argile, ce qui les rend propices à l'agriculture (MINADER, 2019). Ces sols sont fertiles, mais leur gestion nécessite des pratiques agricoles durables pour éviter l'érosion et la dégradation, exacerbées par l'intensification des précipitations et l'exploitation excessive (FAO, 2011).

Le département de la Vina est traversé par plusieurs cours d'eau importants, notamment la Vina, qui joue un rôle crucial dans l'approvisionnement en eau pour l'irrigation, la consommation domestique et l'élevage (MINADER, 2019). Les ressources en eau sont cependant menacées par la variabilité climatique, qui entraîne des fluctuations du débit des rivières, affectant ainsi la disponibilité en eau tout au long de l'année (IPCC, 2021).

La végétation de la Vina est principalement composée des savanes arbustives et arborées, et de forêts galeries le long des cours d'eau. Cette végétation est adaptée aux conditions climatiques locales et joue un rôle important dans la préservation de la biodiversité et la régulation du climat local (MINEPAT, 2020). La déforestation pour l'agriculture et le bois de chauffage représente une menace pour ces écosystèmes, augmentant la vulnérabilité de la région aux effets du changement climatique (FAO, 2011).

La faune de la Vina est riche et diversifiée, avec une variété d'espèces animales, notamment des antilopes, des singes, et une avifaune abondante (MINADER, 2019). Cependant, la pression anthropique, combinée aux changements climatiques, menace la biodiversité locale, nécessitant des efforts de conservation pour protéger ces espèces et leurs habitats (IPCC, 2021).

La population du département de la Vina est estimée à environ 500 000 habitants, avec une densité de population variable selon les zones urbaines et rurales (MINEPAT, 2020). L'agriculture reste l'activité principale de la population, fournissant un emploi et des revenus pour la majorité des ménages. La croissance démographique, combinée aux impacts du changement climatique, pose des défis pour la sécurité alimentaire et la gestion durable des ressources naturelles. La population cible de cette étude est composée de producteurs d'igname dans le département de la Vina. Ce choix se justifie par l'importance de cette culture vivrière dans la zone et sa vulnérabilité aux aléas climatiques, nécessitant une meilleure compréhension des perceptions et des stratégies d'adaptation des agriculteurs (Yengoh *et al.,* 2010).

2.2. Méthodologie

Une approche mixte, combinant enquêtes par questionnaires, entretiens et observations du terrain, a été adoptée pour la collecte des données (Creswell, 2014). Cette combinaison de méthodes qualitatives et quantitatives permet d'obtenir une vision plus complète et nuancée des perceptions et des pratiques des producteurs face au changement climatique.

Des enquêtes par questionnaire (Annexe 1) ont été menées auprès d'un échantillon représentatif de 100 producteurs d'igname, sélectionnés de manière aléatoire dans les principales zones de production du département (Cochran, 1977). Le questionnaire portait sur les caractéristiques sociodémographiques des producteurs, leurs perceptions du changement climatique, les impacts observés sur leurs cultures et leurs stratégies d'adaptation. Ce questionnaire a été conçu à l'aide du logiciel Sphinx qui a également servi à la saisie et au traitement des données collectées.

Des entretiens semi-directs ont été réalisés avec des informateurs clés, notamment des autorités locales, des agents de vulgarisation agricole et des leaders communautaires, afin d'approfondir la compréhension des dynamiques locales liées au changement climatique (Kvale, 2007). Ces entretiens ont permis de compléter et de nuancer les informations recueillies par les questionnaires. Des observations de terrain ont été effectuées pour documenter les pratiques agricoles, l'état des cultures et les signes visibles des impacts du changement climatique (Jorgensen, 1989). Ces observations ont permis de confronter les perceptions des producteurs aux réalités observées sur le terrain.

Pour mener à bien cette étude, deux principales sources de données ont été mobilisées sur la période de 2013 à 2023 : données climatiques et données sur le rendement agricole. Les données climatiques, essentielles pour analyser les variations et les impacts du changement climatique ont été obtenues auprès de l'Agence pour la Sécurité de la Navigation Aérienne en Afrique et à Madagascar (ASECNA), antenne de Ngaoundéré (Annexe 2). Ces données incluent les paramètres tels que la température, les précipitations et l'humidité sur une période de dix ans, permettant d'évaluer les fluctuations climatiques dans la région et leur corrélation avec la production agricole.

Les statistiques sur les rendements de la culture de l'igname pour la même période (2013-2023) ont été fournies par les Délégations d'Arrondissement de l'Agriculture et du Développement Rural (DAADER) des localités de Mbé, Nyambaka et Ngan-ha (Annexe 2). Ces données ont permis d'analyser l'évolution des rendements dans ces zones de production et de mieux comprendre l'impact des changements climatiques sur la productivité de l'igname.

2.3 Analyses statistiques

Les données quantitatives issues du questionnaire ont été saisies et analysées à l'aide du logiciel Sphinx. Des analyses statistiques descriptives (fréquences, moyennes, etc.), bivariées (corrélations) et multivariées (régressions.) ont été effectuées (Agresti, 2013). Ces analyses ont permis de dégager des tendances et des relations entre les différentes variables.

La régression linéaire multiple a été utilisée pour évaluer l'impact des paramètres climatiques (température, humidité, précipitations, vitesse du vent) sur les rendements d'igname, selon la formule suivante :

$$Y=\beta_0+\beta_1X_1+\beta_2X_2+\beta_3X_3+\beta_4X_4+\epsilon$$

Où Y est le rendement d'igname, X1 est la température, X2 est l'humidité, X3 sont les précipitations, X4 est la vitesse du vent, β0 est l'ordonnée à l'origine, β1, β2, β3, β4 sont les coefficients de régression, et ϵ est l'erreur résiduelle.

Les coefficients de régression ont été estimés en utilisant la méthode des moindres carrés, qui minimise la somme des carrés des résidus (différence entre les valeurs observées et prédites) (Montgomery et Peck, 1992). Les performances des modèles ont été évaluées à l'aide du coefficient de détermination (R^2) et de l'erreur quadratique moyenne (RMSE) (Neter *et al.,* 1996).

Une triangulation des résultats issus de différentes sources de données a été réalisée afin d'en améliorer la validité et la robustesse, tout en mettant en évidence les convergences et les divergences entre les perceptions paysannes et les données scientifiques disponibles (Creswell et Miller, 2000). Cette approche a permis de confronter et d'enrichir les différents éléments d'information collectés.

Pour prévoir l'impact potentiel des variations climatiques sur la production d'igname à l'horizon 2035, plusieurs scénarios ont été développés en se basant sur les projections des paramètres climatiques futurs. Ces scénarios présentés ci-dessus, incluent des variations de la température, des précipitations et de la vitesse du vent selon les tendances observées et les prévisions climatiques des modèles globaux (IPCC, 2021).

- Scénario 1 : Augmentation modérée de la température de 1°C et des précipitations de 5%.
- Scénario 2 : Augmentation élevée de la température de 2°C et des Précipitations de 10%.
- Scénario 3 : Augmentation de la température de 1,5°C et diminution des précipitations de 5%.
- Scénario 4 : Augmentation des événements climatiques extrêmes. La température moyenne augmente de 1,2°C et les précipitations varient ± 10%.

3. RESULTATS

3.1 Caractéristiques des enquêtés

Les données collectées lors des enquêtes sur les perceptions paysannes des effets du changement climatique sur la production de l'igname dans le département de la Vina, Région de l'Adamaoua, Cameroun fournissent des informations détaillées sur les caractéristiques démographiques, sociales et économiques des enquêtés dans les trois localités à savoir Mbé, Ngan-ha et

Nyambaka (Figure 2). La figure 2a présente la répartition des enquêtés par tranche d'âge dans les localités de Mbé, Ngan-ha et Nyambaka. Dans l'ensemble du département de la Vina, la majorité des répondants (66,07 %) appartiennent à la tranche d'âge de 25-50 ans, suivie des tranches d'âge de 0-25 et 50-75 ans, qui comprennent 14,86 % et 14,77% des enquêtés respectivement. Les répondants âgés de 75-100 ans sont très peu représentés (1,70%), et il existe un faible pourcentage de non-répondants, avoisinant 2,6 %. La même tendance est observée par localité, sauf qu'il n'y a pas des répondants âgés dans l'échantillon de Ngan-ha et Nyambaka et tous les enquêtés de Mbé ont répondu au questionnaire.

La situation matrimoniale des enquêtés est variable (Figure 2b). Dans l'ensemble, l'échantillon est constitué dans la grande majorité des mariés (63,68% des répondants) et environ la moitié est célibataires (33,54%). Les non-répondants sont faiblement représentés, environ 2 % du total. On observe presque la même tendance dans les trois localités, sauf qu'à Ngan-ha, tout le monde a répondu aux questions.

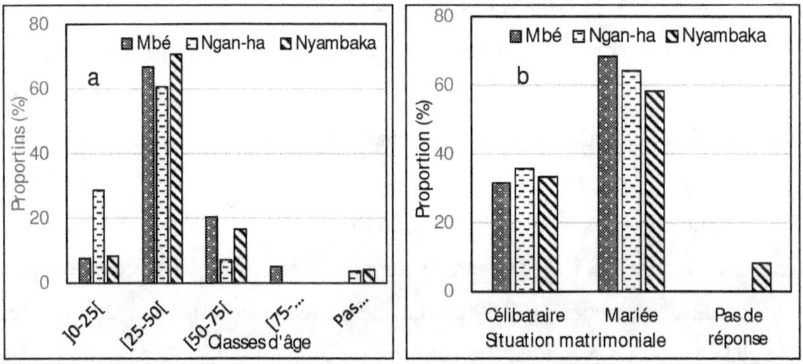

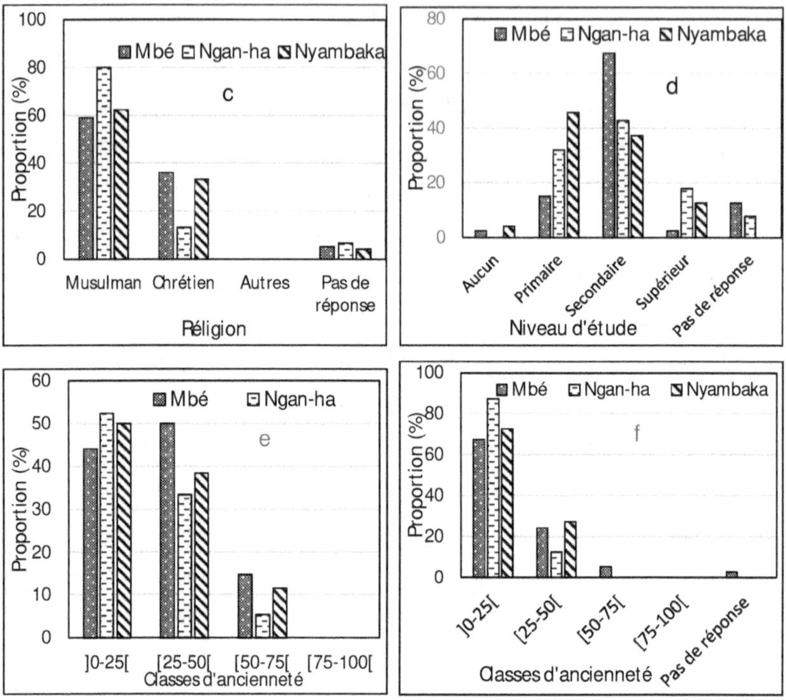

Figure 2: Caractéristiques des enquêtés par localité : leur tranche d'âge (a), leur Situation matrimoniale (b), leur Religions (c), leur niveau d'étude (d), leur ancienneté dans l'agriculture (e) et leur ancienneté dans la culture d'ignames (f).

Concernant les ethnies, l'échantillon est constitué des musulmans et des chrétiens (Figure 2c). Dans l'ensemble, les musulmans (67,16%) représentent plus du double des chrétiens (27,50%). La même tendance est observée dans les localités, sauf qu'à Ngan-ha, l'effectif des musulmans dans l'échantillon est six fois plus élevé que celui des chrétiens.

La figure 2d présente les niveaux d'éducation des enquêtés de trois localités étudiées. Dans l'ensemble, la majorité des enquêtés ont le niveau secondaire (49,29%), suivi de ceux qui ont le niveau primaire (30,99%) et enfin ceux qui ont le niveau supérieur est faible (10,95%). Les enquêtés qui n'ont pas étudié est très faible (2,22%). Par localité, on observe la même tendance, sauf qu'à Nyambaka, la proportion de ceux qui ont le niveau primaire est plus élevé (45,83%) et à Ngan-ha, tous les enquêtés ont au moins le niveau primaire. A Nyambaka, tous les enquêtés ont répondu à la question.

Dans l'ensemble du département de la Vina, la majorité des enquêtés (48,83 %) ont une ancienneté de 0 à 25 ans dans l'agriculture, suivie de près par ceux qui ont une ancienneté de 25 à 50 ans (40,60%) (Figure 2e). Ceux qui ont une ancienneté de 50 à 75 ans sont très faible, environ 13 % et nul pour ceux qui ont une ancienneté plus de 75 ans. Par localité on observe la même tendance, sauf qu'à Mbé la proportion de ceux qui ont une ancienneté de 20 à 50 ans (50%) est plus élevée que ceux qui ont une ancienneté de 0 à 25 ans (44,12%).

Pour l'ensemble du département de la Vina, la majorité des enquêtés (75,93%) sont jeunes dans la culture d'igname, avec une ancienneté maximum de 25 ans dans cette culture (Figure 2f). Ils sont suivis de loin par ceux qui ont une ancienneté situant entre 25 et 50 ans la culture d'igname (21,36%). Les enquêtés qui ont plus de 50 ans d'ancienneté dans la culture d'igname sont très faible (1,80%), voire nul pour ceux qui ont plus de 75 ans d'ancienneté. Par localité on observe la même tendance sauf qu'à Ngan-ha et Nyambaka, il n'existe pas dans l'échantillon, des enquêtés de plus de 50 ans d'ancienneté dans la culture d'igname.

3.2. Perception paysanne de l'évolution des paramètres climatiques et de la production d'igname

La très grande majorité des paysans (98%) du département de la Vina affirment avoir perçu du changement climatique dans leur région (Figure 3). Cette tendance est observée par localité, excepté qu'à Mbé une très faible proportion des enquêtés (1 %) a mentionné ne pas avoir perçu ce changement climatique et à Nyambaka environ 5% des enquêtés n'ont pas voulu donner leur avis sur cette question.

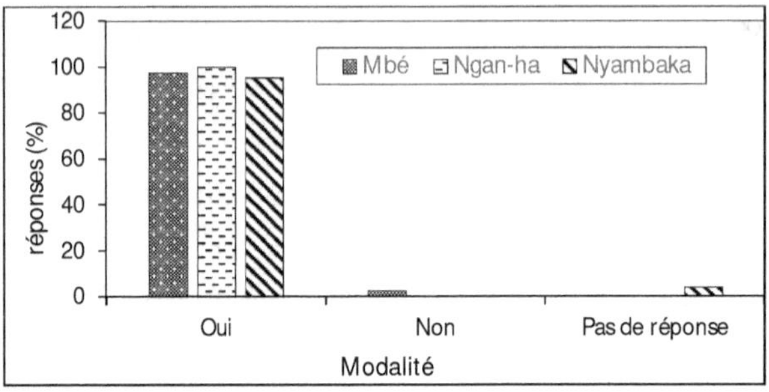

Figure 3 : Perception paysanne du changement climatique

3.2.1. Indicateurs paysans du changement climatique

Les paysans de la région ont identifié plusieurs indicateurs pour évaluer le changement climatique (Tableau 1). Cependant les principaux indicateurs utilisés par les paysans pour évaluer les modifications climatiques sont la pluviométrie (69,30 %) et la température (64,40%). Ces paysans se réfèrent à leur variation, telles qu'une baisse globale ou des retards dans la saison des pluies, ou une augmentation notable de la température marquée par des vagues de chaleur plus fréquentes et des épisodes de chaleur intense. Une faible proportion des paysans se réfèrent à l'exposition excessive à l'ensoleillement (11,9 %) et la variation des saisons (11,9 %).

Tableau 1 : Indicateurs paysans du changement climatique

Indicateurs	Réponses (%)
Pluviométrie	69,3
Températures	64,4
Ensoleillement	11,9
Variations dans les saisons	11,9

3.2.2. Evolution paysanne des paramètres climatiques

La figure 4 présente l'évolution des paramètres climatiques entre 2013 et 2023 dans le département de la Vina. Les valeurs moyennes annuelles de la température, de la précipitation et de la vitesse du vent augmentent au cours de cette période, avec des pics de 22,2°C en 2016, de 1884,1 mm en 2022 et de 5,67 km/h en 2020 respectivement pour la température, les précipitations et la vitesse du vent. Par contre, l'humidité relative a connu une baisse notable jusqu'en 2018 (55,67 %), avant de remonter progressivement, indiquant une fluctuation qui peut perturber l'équilibre hydrique nécessaire aux cultures. Pour tous ces paramètres, leur tendance évolutive n'est pas nette et significative (P>0,05), avec des coefficients de détermination très faibles, inférieurs à 0,40.

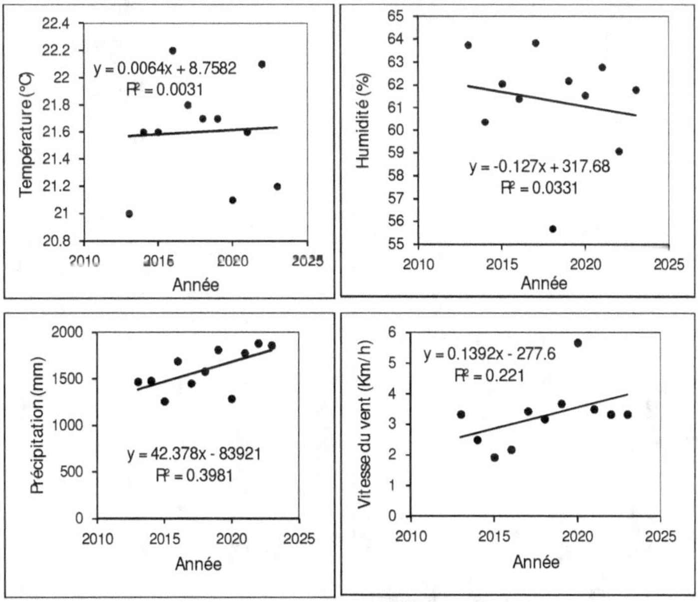

Figure 4 : Evolution des paramètres climatiques dans la vina entre 2013 et 2023

3.2.3. Evolution paysanne du rendement d'igname et leurs indicateurs selon les paysans

La figure 5a présente la perception paysanne de la variation du rendement d'igname dans les sites d'étude. Globalement, plus de 80% des paysans (88,20%) perçoivent la variation des rendements d'ignames dans cette zone. Une petite minorité des paysans, moins de 12% affirment ne pas avoir perçu cette variation du rendement d'igname dans cette zone. Par localité, on observe la même tendance de la perception de la variation du rendement d'ignames, à l'exception à Nyambaka où le nombre des paysans qui ne perçoivent pas la variation de rendement d'igname (29,2%) est six fois plus élevés que dans les 2 autres localité (2,6 et 3,6%).

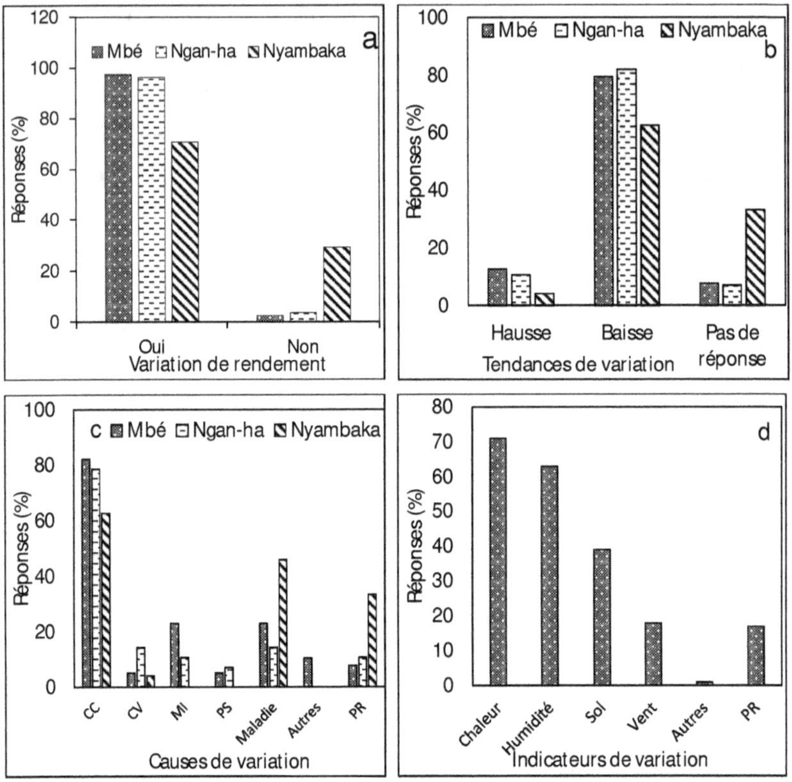

Figure 5 : Perception paysanne de la variation des rendements d'ignames (a), de sens de variation (b), causes de variation et indicateurs paysans de la variation de rendement (d).

Changement climatique (CC), choix variétal (CV), manque d'intrants (MI) et pauvreté du sol (PS) et Pas de réponses (PR).

L'évolution du rendement d'ignames constitue un indicateur crucial pour évaluer l'impact du changement climatique sur l'agriculture locale. Les informations recueillies auprès des paysans de 3 localités révèlent des variations significatives des rendements (Figure 5b). Globalement, la majorité des paysans (74,7% de réponses) affirment avoir constaté une baisse de rendement d'igname dans les trois localités. Une faible proportion des paysans (9,23%) a observé une hausse de rendement au cours de la période d'étude. Cependant 16,03% d'entre eux n'ont pas donné un avis. Si on analyse par localité, on constate une tendance similaire, sauf qu'une proportion plus élevée des paysans (33,30%) n'a pas répondu à cette question.

Les causes de la variation des rendements d'ignames dans le département de la Vina sont multiples (Figue 5c). Mais le changement climatique (74,40% de réponses) est perçu par les paysans comme le facteur principal de la variation du rendement d'igname dans les trois localités. D'autres facteurs de moyenne importance comme les maladies (27,73%) ou de faible importance comme le manque d'intrants (11,26%), le choix variétal (7,86%) et la pauvreté du sol (4,06%) sont associés à ce facteur principal pour influencer la variation de rendement d'ignames. Cependant d'autres paysans (17,23%), pour une raison ou autre, n'ont pas voulu s'associer à ce jeu de question - réponse. Si on compare les localités, on constate que la tendance est similaire, excepté qu'à Nyambaka l'importance de la maladie (45,8%) est presque similaire au changement climatique (62,5%) et qu'un bon nombre des paysans de cette localité n'ont pas répondu à cette question.

La production d'ignames dans le département de la Vina est influencée par divers facteurs climatiques et environnementaux, dont les effets sont largement ressentis par les paysans (Figure 5d). Globalement les résultats obtenus montrent que 71 % des paysans identifient la chaleur excessive comme l'indicateur principal affectant la production d'igname et 63 % des répondants considèrent l'humidité comme un facteur crucial, tandis que 39 % reconnaissent la qualité du sol comme un indicateur aussi important. Le vent est cité par 18 % des paysans, et 1 % d'entre eux mentionnent d'autres facteurs. Enfin, 17 % des répondants n'ont pas fourni de réponse.

3.3. Evolution du rendement d'ignames entre 2013 et 2024

Les données présentées dans cette section proviennent de la Délégation Régionale de l'Agriculture et du Développement Rural (DARDER) de l'Adamaoua et offrent un aperçu de l'évolution des rendements de l'igname dans les 3 localités pendant la période de 2013 à 2024 (Figure 6). Dans chacune de trois localités, la variabilité de rendement d'igname est faible et tourne autour d'une moyenne de 9,98; 9,91 et 9,49 t/ha respectivement à Mbé, Ngan-ha et Nyambaka, avec une moyenne générale de 9,79 t/ha.

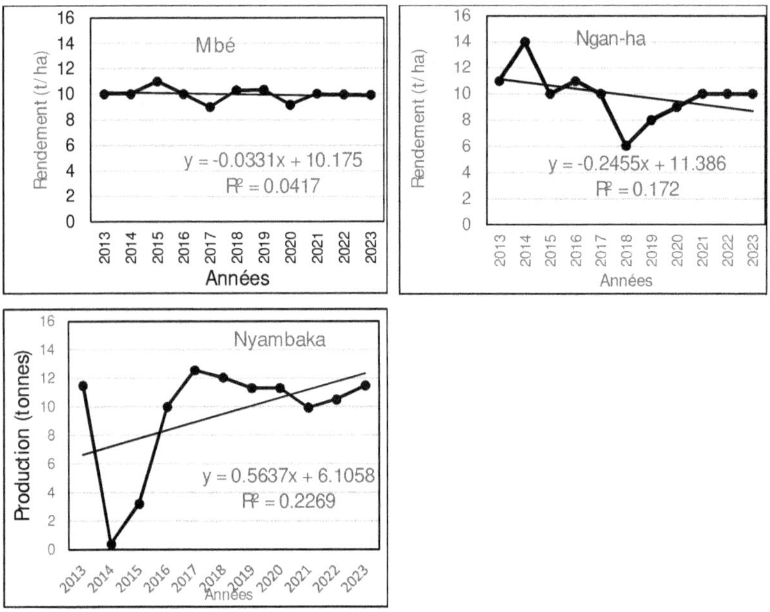

Figure 6 : Evolution du rendement d'ignames entre 2013 et 2023 dans les trois localités

3.4. Stratégies paysannes d'adaptation au changement climatique

Pour s'adapter aux effets de variation du changement climatique, les paysans du département de la Vina ont développé diverses stratégies dont les plus importantes sont les pratiques agricoles innovantes (55%), la diversification des activités économiques (37%) et les recours à l'irrigation et à la fertilisation du sol (80,5%) (Tableau 2). Parmi les pratiques agricoles innovantes, on trouve la diversification des variétés et l'ajustement des dates de semis. La diversification des variétés permet de réduire les risques liés aux aléas climatiques en cultivant des espèces mieux adaptées aux nouvelles conditions environnementales. En outre, l'ajustement des dates de semis, avec une tendance notable vers des semis précoces (24%) ou tardifs (31%), permet de maximiser les chances de réussite des cultures en fonction des prévisions météorologiques. Cette flexibilité dans les pratiques de semis aide les agriculteurs à s'ajuster aux changements de la saison des pluies et à minimiser les pertes liées aux conditions climatiques défavorables.

La diversification des activités économiques (37%) est une autre stratégie clé adoptée par les paysans pour faire face aux variations climatiques. En plus des activités agricoles, de nombreux paysans se tournent vers des activités secondaires telles que le commerce (80%), l'élevage (10%) et le transport (10%). Cette pluriactivité permet de répartir les risques et de stabiliser les revenus en cas de mauvaise récolte. La transformation des produits agricoles constitue également un revenu important pour ajouter de la valeur aux récoltes et diversifier les sources de revenus.

L'utilisation de techniques d'irrigation et de fertilisation joue un rôle crucial dans l'adaptation aux conditions climatiques changeantes. Face à la baisse des précipitations, 44,4% des paysans ont recours à l'arrosage comme mesure d'adaptation, et 11,1% utilisent l'arrosage du sol spécifiquement. L'irrigation permet de maintenir la production agricole même en période de sécheresse prolongée. En ce qui concerne la fertilisation, les données montrent que 18% des paysans utilisent des fertilisants chimiques, tandis que 7% préfèrent les fertilisants organiques.

Tableau 2: Stratégies paysannes d'adaptation aux défis climatiques

Catégorie	Stratégie d'adaptation	Réponses
Pratiques agricoles innovantes	Semis précoces	24
	Semis tardifs	31
Diversification des activités économiques	Pratique d'une activité	37
	Commerce (activité secondaire)	80
	Élevage & Transport (activité	20
Recours à l'irrigation et à la fertilisation	Arrosage	44,4
	Arrosage du sol	11,1
	Fertilisants chimiques	18
	Fertilisants organiques	7

3.5. Mesures spécifiques d'adaptation aux différents paramètres climatiques

Dans le cadre de l'adaptation aux défis climatiques variés affectant la culture d'ignames, les paysans ont mis en œuvre une série de stratégies répondant spécifiquement aux fluctuations des conditions météorologiques. Ces adaptations sont essentielles pour la viabilité de l'agriculture face à l'incertitude croissante du climat. Voici les résultats approfondis sur les diverses mesures adoptées aux variations de précipitations, à la perte de fertilité du sol et aux vents violents. Face à la baisse des Précipitations, les paysans ont largement adopté des pratiques visant à conserver et gérer efficacement l'eau (Tableau 3). Environ 70% des paysans ont recours au stockage de l'eau, à l'irrigation et à la conservation de l'eau par blocage. De plus, 55% ajustent le calendrier agricole pour mieux correspondre aux cycles de pluies actuels, tandis que 16% utilisent des couvertures pour protéger les jeunes plantules.

En réponse à l'augmentation de la pluie, 61% des agriculteurs ont intensifié la canalisation pour contrôler le surplus d'eau. Le drainage est adopté par 15% des répondants pour éviter l'accumulation d'eau. Ces adaptations sont complétées par 12% des agriculteurs qui retardent la période de semis.

La perte de fertilité du sol est abordée par 60% des agriculteurs à travers la rotation des cultures et le changement de site. L'irrigation, pratiquée par 55.5% des paysans, aide à compenser le déficit hydrique et à appliquer uniformément les fertilisants dans le sol. En outre, 25% des agriculteurs utilisent des fertilisants, qu'ils soient chimiques pour une action rapide ou organiques pour une amélioration à long terme de la santé du sol.

Tableau 3: Techniques d'adaptation aux variations de précipitations

Variation	Catégorie	Mesures d'adaptation	Réponses
Baisse des Précipitations	Conservation et gestion de	Stockage de l'eau, irrigation,	70
	Ajustement du calendrier agricole	Semi en fonction des pluies, retard de semis, retard de	55
	Protection des jeunes	Couverture des jeunes	16
	Changement de site de		10
	Divers	Utilisation du Supergrain,	40
Augmentation de Pluies	Gestion de l'eau	Canalisation, irrigation	61
	Amélioration du drainage	Drainage	15
	Modification des pratiques	Retarder la période de semis	12
	Adaptation des cultures	Cultiver hors du 'Walewol'	15
	Absence de solution		5

Face aux vents violents, 75% des agriculteurs renforcent leurs plantations avec des tuteurs solides ou replantent ceux qui sont endommagés. Ces mesures préventives sont essentielles pour minimiser les dommages physiques causés par les rafales de vent.

3.6. Relations entre paramètres climatiques et rendements d'ignames

Les valeurs moyennes des paramètres climatiques et des rendements d'igname, ainsi que leurs étendus sont résumées dans le tableau 4. Basée sur les données climatiques et agricoles observées entre 2013 et 2023, le tableau 4 révèle des précipitations moyennes annuelles de 1598,42 mm, une température moyenne de 21.60°C, une humidité relative moyenne de 61.30% et une vitesse moyenne du vent de 3.27 Km/h. Les écarts entre les minima et les maxima sont de 620,6 mm, 1,2°C, 8,16% et 3,75 Km/h respectivement pour les précipitations, la température, l'humidité relative et la vitesse du vent. Pour le rendement d'igname, la variation est plus grande à Nyambaka et plus faible à Mbé et intermédiaire à Ngan-ha. Car ces écarts sont l'ordre de 2 t/ha, 7,95 t/ha et 12,17 t/ha respectivement à Mbé, Ngan-ha et Nyambaka.

En ce qui concerne les rendements, Mbé affiche une moyenne relativement élevée de 9,98 t/ha, probablement due à des conditions climatiques favorables et à des pratiques agricoles efficaces. En revanche, Nyambaka et Ngan-ha présentent des rendements plus variés, suggérant des disparités locales potentielles en matière de qualité du sol et de gestion des cultures. Ces données climatiques et agricoles offrent un aperçu précieux des conditions de culture de l'igname, soulignant l'importance des paramètres climatiques dans la production agricole.

Tableau 4: Valeurs moyennes et étendus des paramètres climatiques et des rendements d'ignames

Variable	Paramètres	Moyenne	Écart-type	Minimu	Maximum
Paramètres climatiques	Précipitations (mm)	1598,42	222,76	1263,50	1884,10
	Température (°C)	21,60	0,38	21,00	22,20
	Humidité (%)	61,30	2,32	55,67	63,83
	Vitesse du vent (Km/h)	3,27	0,98	1,92	5,67
Rendement (t/ha)	Mbé	9,98	0,54	9,00	11,00
	Nyambaka	9,91	1,96	6,05	14,00
	Ngan-ha	9,49	3,92	0,40	12,57

Les régressions linéaires entre les paramètres climatiques (température, humidité, précipitations et vitesse du vent) et les rendements d'ignames dans les 3 localités ne sont pas toutes significatives (Figure 7). Seule celle entre le rendement et la vitesse du vent à Mbé est significative ($P<0,05$), avec un coefficient de détermination (R^2) de 0,411. Dans les autres localités et pour les autres paramètres climatiques, aucune corrélation significative n'a été observée.

3.7. Modélisation des impacts du changement climatique sur la production d'ignames

Pour déterminer l'influence du climat sur la production d'ignames, le rendement de celui-ci a été ajustement à une régression linéaire multiple en fonction de 4 paramètres climatiques pris en compte à savoir la température, les précipitations, l'humidité et la vitesse du vent. Ces modèles présentés dans le tableau 5, expliquent environ 55% de variations de rendement à Mbé, 46% à Ngan-ha et 34% à Nyambaka.

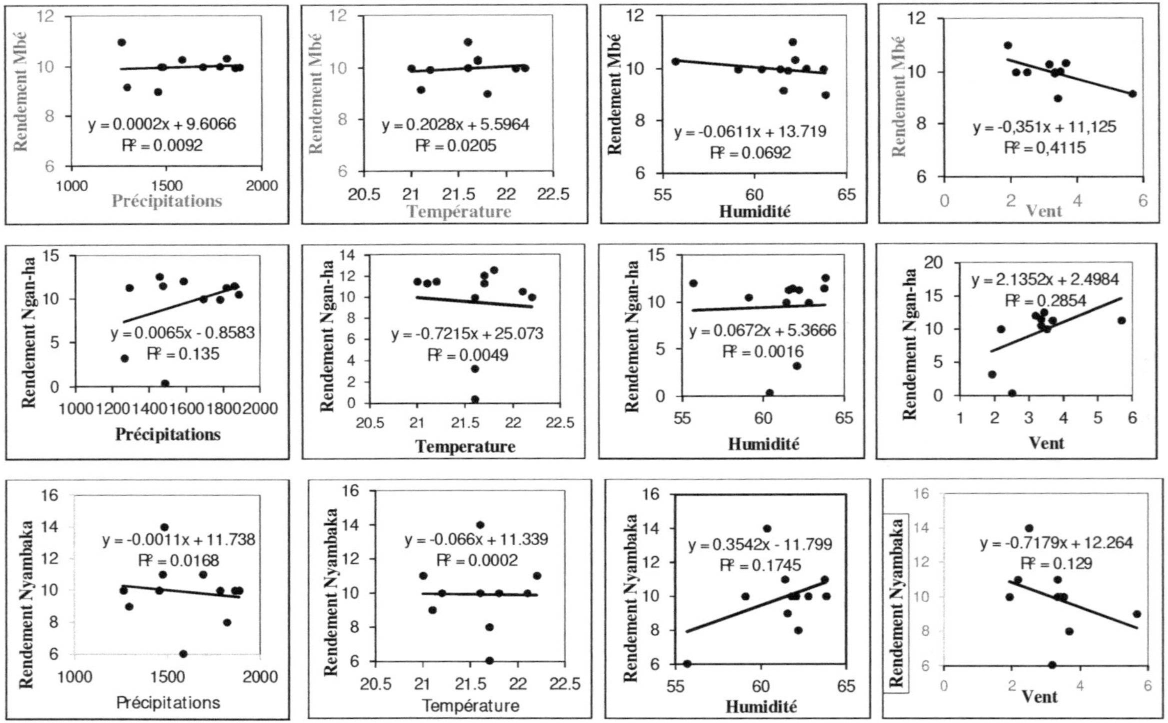

Figure 7: Régressions linéaires entre le rendement et les paramètres climatiques à Mb, Ngan-ha et Nyambaka

Tableau 5: Ajustements multiples des paramètres climatiques aux rendements d'ignames

Localités	Ajustements	R^2	RMSE
Mbé	Rendement = 33,43 – 0,89T – 0,07H + 0,00P – 0,48V	0,550	0,344
Ngan-ha	Rendement = −49,07 + 1,45T + 0,15H + 0,01P + 2,49V	0,463	1,520
Nyambaka	Rendement = −3,06 – 0,27T + 0,36H – 0,00P – 0,85V	0,341	2,741

Température (T), Humidité (H), Précipitations (P) et Vitesse du vent (**V**)

3.8. Projections de rendements d'ignames en 2035

En utilisant les scénarii climatiques, la production d'ignames en 2035 a été prédite pour chacun de 4 scénarii en utilisant le modèle de régression linéaire multiple développé dans cette étude. Les résultats des projections de ces rendements pour l'année 2035 sont présentés dans le tableau 6. Selon ces scénarii, les rendements prédits varient entre 9 et 11 t/ha, entre 8 et 10,5 t/ha et entre 8,5 et 10,7 t/ha respectivement à Mbé, Ngan-ha et Nyambaka. Le scenario 3 prévoit des rendements plus faibles, situant entre 8 et 9 t/ha respectivement à Ngan-ha et Mbé, tandis que le scenario 2 prévoit des rendements un peu plus élevés, variant de 10,5 à 11 t/ha respectivement à Ngan-ha et Mbé. Pour chacun de 4 scénarii, le rendement d'igname prédit est toujours plus élevé à Mbé et plus faible à Ngan-ha.

Tableau 6: Projections des rendements (t/ha) en fonction des scenarios

Scénarii	Mbé	Ngan-ha	Nyambaka
Scénario 1	10,5	10,0	10,2
Scénario 2	11,0	10,5	10,7
Scénario 3	9,0	8,0	8,5
Scénario 4	10,2	9,8	10,0

3.9. Comparaison entre les projections et la perception paysanne du rendement en 2035

Une enquête auprès des producteurs locaux a révélé leurs perceptions sur la tendance du rendement de l'igname à l'horizon 2035 (Tableau 7). La majorité des producteurs (51.4%) s'attendent à une réduction des rendements, ce qui est cohérent avec les scénarios climatiques prévoyant des conditions défavorables (diminution des précipitations et augmentation de la température). Certains producteurs (11,40%) prévoient une augmentation des prix d'ignames, probablement en réponse à une réduction de l'offre due aux conditions climatiques défavorables. Les autres tendances comme l'amélioration de rendement d'ignames ou l'abandon de la culture d'ignames sont prises en compte par très peu de paysans, moins de 10% d'entre eux.

Tableau 7: Tendances évolutives des rendements d'ignames selon les paysans

Tendance	Réponses (%)
Réduction du rendement d'ignames	51,40
Augmentation des prix d'ignames	11,40
Maintien ou amélioration du rendement d'ignames	8,60
Abandon ou risque de disparition de la culture d'ignames	8,60
Difficultés à produire d'ignames	5,70
Développement rapide ou avancée	5,70
Autres (non classés directement)	8,60
Total	100,00

Les projections climatiques et les perceptions des producteurs offrent des perspectives complémentaires sur l'avenir de la production d'ignames. Les projections climatiques dans le Scénario 3 qui prévoie une diminution des précipitations et une augmentation de la température, convergent avec les perceptions des producteurs concernant une réduction du rendement d'ignames. Cela souligne l'importance de l'eau pour la culture d'ignames et les défis posés par des conditions climatiques plus sèches. Ici il y a concordance d'une tendance négative entre la perception paysanne et la prédiction du rendement d'ignames par le modèle.

Les scénarios 1 et 2 montrent une augmentation modérée des rendements avec des augmentations modérées de la température et des précipitations. Bien que peu de producteurs prévoient explicitement une amélioration, ces scénarios optimistes offrent des perspectives positives si des stratégies d'adaptation adéquates sont mises en place par les paysans ou par les autorités compétentes.

Le scénario 4 montre que les événements climatiques extrêmes pourraient réduire les rendements. Cela est en ligne avec les préoccupations des producteurs concernant les difficultés à produire et les risques de disparition de la culture d'ignames en raison des conditions climatiques imprévisibles.

Les résultats de cette étude montrent que les paramètres climatiques influencent de manière significative les rendements d'ignames, mais que l'impact de chaque paramètre varie selon la localité. Les scénarios climatiques montrent que des augmentations modérées de la température et des précipitations pourraient légèrement augmenter les rendements, tandis que des diminutions des précipitations ou des événements climatiques extrêmes pourraient réduire les rendements. Les perceptions des producteurs reflètent majoritairement une anticipation de la réduction des rendements, soulignant l'importance de stratégies d'adaptation pour soutenir la production d'ignames face aux changements climatiques futurs. L'intégration de pratiques agricoles adaptées, l'amélioration de la qualité du sol et la sélection de variétés d'ignames résistantes aux variations climatiques sont des mesures essentielles pour maximiser les rendements dans le contexte du changement climatique.

4. DISCUSSION

4.1. Caractéristiques de l'échantillon

Les caractéristiques démographiques des agriculteurs enquêtés dans les 3 arrondissements de la Vina révèlent un profil typique de la main-d'œuvre agricole en Afrique subsaharienne, où la tranche d'âge active située entre 25 et 50 ans constitue la majorité de la population agricole. Cette observation est conforme aux résultats d'études antérieures en Afrique de l'Ouest, qui montrent que la jeunesse rurale joue un rôle crucial dans la production agricole, bien que souvent confrontée à des défis liés à l'accès aux ressources et aux technologies agricoles (Cleave *et al.,* 2017). La prédominance masculine observée parmi les agriculteurs de la Vina reflète également une tendance largement documentée dans les zones rurales africaines où les rôles de genre influencent fortement la participation aux activités agricoles (FAO, 2011).

L'échantillon, bien qu'approprié, pourrait être amélioré en termes de diversité de genre et d'âge. Inclure une représentation plus équilibrée des femmes et des jeunes pourrait offrir des visions supplémentaires sur les stratégies d'adaptation et les perceptions du changement climatique, car ces groupes peuvent avoir des expériences et des besoins distincts (Meinzen-Dick *et al.,* 2014).

En ce qui concerne l'éducation, la majorité des agriculteurs ayant atteint le niveau secondaire montre une certaine capacité à comprendre et à appliquer des connaissances agricoles, bien que l'accès limité à l'enseignement supérieur puisse restreindre leur capacité à adopter des technologies agricoles avancées (Mellor *et al.,* 2008). Ces niveaux d'éducation influencent également les perceptions des agriculteurs quant aux changements climatiques, car ceux ayant un niveau d'éducation plus élevé sont souvent plus conscients des implications des variations climatiques sur l'agriculture comme cela a été rapporté par Tambo et Abdoulaye (2013).

4.2. Perception paysanne de l'évolution des paramètres climatiques et de la production d'ignames

Les agriculteurs de la Vina perçoivent une augmentation de la température et une irrégularité accrue des précipitations. Ces observations sont cohérentes avec les tendances climatiques observées dans d'autres régions d'Afrique subsaharienne. Cette perception est soutenue par des études qui montrent que les agriculteurs dans des contextes similaires perçoivent également ce changement, souvent en réponse à des événements climatiques extrêmes récents (Sarr, 2012 ; Mertz *et al.*, 2009).

L'association des agriculteurs entre la baisse des rendements de l'igname et les changements climatiques confirme les données de la littérature existante, qui montre que les cultures tuberculeuses, comme l'igname, sont particulièrement sensibles aux fluctuations de température et aux anomalies des précipitations (Lobell *et al.*, 2008). Les perceptions des agriculteurs sont donc bien fondées et reflètent une compréhension empirique des impacts climatiques sur l'agriculture (Egoh *et al.*, 2011). D'où la prise en compte du savoir-faire traditionnel dans le développement durable.

4.3. Stratégies d'adaptation des paysans aux défis climatiques

Les stratégies d'adaptation observées dans cette étude, telles que la diversification des cultures, l'ajustement des dates de semis, et l'adoption de techniques d'irrigation, sont similaires à celles documentées au cameroun (Ismaila, 2021, Moksia, 2021) et dans d'autres régions d'Afrique. Par exemple, Mertz *et al.* (2009) rapportent que les agriculteurs au Sahel et en Afrique de l'Ouest adoptent des stratégies similaires pour gérer les risques climatiques. L'ajustement des pratiques agricoles est une réponse rationnelle aux changements perçus dans les conditions climatiques, bien que l'accès limité aux ressources puisse entraver l'efficacité de ces stratégies (Tambo et Abdoulaye, 2013).

Ces stratégies d'adaptation illustrent la réactivité et la résilience des communautés agricoles face aux défis environnementaux. Elles révèlent non seulement l'ingéniosité dans la gestion des ressources naturelles, mais aussi l'importance de la planification et de l'innovation continue pour assurer la durabilité de l'agriculture. En intégrant ces adaptations dans les pratiques agricoles courantes, les paysans améliorent leur capacité à faire face aux conditions climatiques incertaines, garantissant ainsi la sécurité alimentaire et la stabilité économique de leurs communautés. Cependant, l'efficacité des stratégies d'adaptation peut être limitée par des contraintes économiques et infrastructurelles, comme l'a souligné Molua (2002) et qui a noté que l'irrigation reste une stratégie coûteuse et souvent inaccessible pour de nombreux agriculteurs au Cameroun. Cela met en évidence la nécessité d'un soutien institutionnel accru pour faciliter l'accès aux technologies et aux ressources nécessaires à une adaptation efficace.

Les résultats de cette étude indiquent un besoin urgent de renforcer les capacités d'adaptation des agriculteurs face aux changements climatiques. Des recommandations incluent l'amélioration de l'accès à des informations climatiques précises, la promotion de pratiques agricoles durables, et le soutien aux initiatives de diversification des cultures pour réduire la vulnérabilité climatique (Below *et al.,* 2012).

Théoriquement, cette étude enrichit la compréhension des dynamiques d'adaptation au changement climatique en soulignant le rôle crucial des perceptions paysannes dans l'élaboration des stratégies d'adaptation. Elle met en évidence l'importance d'intégrer les savoirs locaux et les perspectives des agriculteurs dans la recherche et la politique climatique pour développer des interventions adaptées et efficaces (Adger, 2003).

4.4. Relations entre paramètres climatiques et production d'ignames

Les résultats de cette étude, qui montrent une relation significative entre la vitesse du vent et le rendement agricole à Mbé, sont à la fois en accord et en contraste partiel avec des recherches antérieures menées au Cameroun. La relation observée à Mbé pourrait s'expliquer par l'influence du vent sur les microclimats locaux, notamment sur l'évapotranspiration, ce qui peut affecter la disponibilité en eau pour les cultures (Zhu *et al.,* 2019). En revanche, l'absence de relations significatives entre les autres paramètres climatiques (température, humidité, précipitations) et les rendements à Mbé, Nyambaka, et Ngan-ha suggère que d'autres facteurs, comme les pratiques agricoles et la fertilité des sols, pourraient jouer un rôle plus déterminant, en accord avec les travaux de Müller *et al.* (2014).

Des études réalisées au Cameroun, telles que celles de Nformi *et al.* (2014) et Tingem *et al.* (2008), ont identifié la variabilité des précipitations et de la température comme des éléments influençant les rendements des cultures. L'absence de relations significatives dans le cas présent pourrait s'expliquer par les stratégies d'adaptation des agriculteurs, comme l'a suggéré Fotsing (2009) et qui a souligné également que les producteurs de l'Adamaoua ajustent leurs calendriers de semis et sélectionnent des variétés de cultures résilientes face au changement climatique. De plus, les résultats de Abou *et al.* (2020) ont mis en lumière l'importance d'une approche intégrée, combinant la gestion agricole et les facteurs climatiques, pour optimiser des rendements, ce qui pourrait expliquer pourquoi certains paramètres climatiques, pris isolément, n'ont pas d'impact significatif dans cette étude. Ainsi, bien que le climat soit un facteur important, il n'est pas le seul déterminant du rendement agricole dans les localités étudiées. Une approche globale, prenant en compte les pratiques agronomiques et les stratégies d'adaptation, reste cruciale pour améliorer la production agricole, en particulier face à la variabilité climatique dans cette région du Cameroun.

4.5. Impacts des variations climatiques sur la production d'ignames à l'horizon 2035

Les modèles de régression linéaire multiple utilisés pour évaluer les impacts du changement climatique sur la production d'ignames montrent que les paramètres climatiques expliquent une part significative de la variance du rendement. Ces résultats sont en accord avec ceux de Molua (2002), qui a également utilisé des modèles de régression pour montrer que les variations climatiques sont des déterminants majeurs de la productivité agricole au Cameroun. Cependant, la performance inégale des modèles dans différentes localités, comme observé à Nyambaka et Ngan-ha, souligne les limites des modèles linéaires à capturer la complexité des interactions climatiques et agricoles. Parry *et al.* (2007) recommandent l'utilisation de modèles plus sophistiqués, incluant des variables supplémentaires telles que la gestion des sols et les pratiques culturales, pour améliorer la précision des prévisions.

Les projections climatiques pour 2035 démontrent que le rendement d'ignames varie selon les variations climatiques. Les scénarios 1 et 2, qui prévoient des rendements plus élevés, sont basés sur des conditions climatiques favorables, optimisant la croissance de l'igname. En revanche, le scénario 3 illustre les effets potentiellement néfastes de conditions défavorables, soulignant l'importance cruciale de l'adaptation climatique et de la gestion agricole pour maximiser la production d'igname dans un climat en évolution. Le scénario 4, quant à lui, présente une situation intermédiaire où les rendements restent acceptables mais pourraient bénéficier d'améliorations par des ajustements climatiques ou des pratiques agricoles appropriées. Ces projections climatiques pour 2035 soulignent la nécessité de stratégies d'adaptation efficaces pour maintenir et améliorer la productivité agricole dans le futur. Elles indiquent que les rendements de l'igname pourraient diminuer sous des scénarios climatiques défavorables, ce qui est en accord avec les prévisions de Lobell *et al.* (2008) sur l'impact du changement climatique sur les cultures en Afrique. Les scénarios qui prévoient des augmentations modérées de la température et des précipitations montrent des rendements légèrement supérieurs, soulignant le potentiel de certaines adaptations climatiques à atténuer les impacts négatifs.

Les agriculteurs de la Vina anticipent majoritairement à une réduction des rendements, ce qui reflète une compréhension empirique des impacts climatiques, bien que ces perceptions puissent être influencées par des événements récents ou par des attentes culturelles (Sarr, 2012). Toutefois, les projections reposent sur des modèles simplifiés qui ne prend pas en compte toute la complexité des interactions entre les facteurs climatiques et les pratiques agricoles, comme l'ont souligné Parry *et al.* (2007).

Les hypothèses de départ sont globalement validées par les résultats. L'impact négatif des variations climatiques sur la production d'igname, tel que perçu par les agriculteurs, est corroboré par les données climatiques et les analyses statistiques. Les stratégies d'adaptation identifiées dans l'étude montrent que les agriculteurs réagissent de manière proactive aux changements climatiques, bien que l'efficacité de ces stratégies puisse varier (Mertz *et al.,* 2009). Les projections pour 2035 soutiennent l'hypothèse que les rendements pourraient diminuer sous des conditions climatiques défavorables, un résultat qui est également anticipé par les agriculteurs eux-mêmes.

5. CONCLUSION

L'étude réalisée dans le département de la Vina a mis en lumière les perceptions des agriculteurs quant aux effets du changement climatique sur la production d'igname. Environ 90 % des agriculteurs ont rapporté des changements climatiques significatifs, tels que l'augmentation de la température et la variabilité accrue des précipitations, entraînant une diminution notable des rendements d'igname. Les analyses quantitatives révèlent que seule la vitesse du vent à Mbé a une relation statistiquement significative avec le rendement ($P < 0,05$) et un coefficient de détermination (R^2) de 0,411, indiquant que 41,1 % de la variation du rendement peut être expliquée par ce facteur. Les modèles de régression linéaire multiple prévoient qu'en l'absence d'interventions, la production d'igname pourrait varier d'ici 2035, avec des rendements projetés de 11,0 t/ha dans un scénario d'augmentation modérée et de 9,0 t/ha dans un scénario défavorable. Les agriculteurs ont adopté diverses stratégies d'adaptation, comme l'utilisation de variétés résistantes et l'ajustement des calendriers de cultures (55%), bien que ces mesures soient limitées par des contraintes économiques et un accès restreint aux technologies modernes. Il est impératif de promouvoir des pratiques agricoles durables, de renforcer le soutien institutionnel et de développer des variétés d'igname résistantes aux conditions climatiques extrêmes. Bien que le changement climatique pose un défi majeur à la production d'igname dans la région de la Vina, cette étude propose des orientations pour renforcer la résilience des systèmes agricoles et assurer un développement durable. La mise en œuvre des recommandations contribuera à protéger la production d'igname et à sécuriser les moyens de subsistance des agriculteurs dans un environnement en évolution.

REFERENCES BIBLIOGRAPHIQUES

Abou N., Adifon C., Loko Y. L. et Maliki R., 2020. Impact du Changement Climatique sur la Production de l'Igname en Afrique de l'Ouest : Études de Cas au Bénin et au Cameroun. *Journal of Environmental Studies*, 12(4): 89-102.

Adger N., 2003. Social capital, collective action, and adaptation to climate change. *Economic Geography*, 79(4): 387-404.

Agresti A., 2013. *Categorical Data Analysis* (3rd ed.). Hoboken, NJ: Wiley.

ASECNA, 2019. Rapport annuel? 150 p.

Below T., Artner A., Siebert R. et Sieber S., 2012. Micro-level practices to adapt to climate change for African small-scale farmers. *International Journal of Climate Change Strategies and Management*, 4(3): 246-257.

Cleave P., Gollin D. et Zimmermann F., 2017. Youth and Agriculture: Key Challenges and Concrete Solutions. Rome: FAO and CTA., 150 p.

Cochran W. G., 1977. *Sampling Techniques* (3rd ed.). New York : Wiley. 428 p.

Creswell J. W. et Miller D. L., 2000. Determining Validity in Qualitative Inquiry. *Theory into Practice*, 39(3): 124-130.

Creswell J. W., 2014. *Research Design: Qualitative, Quantitative, and Mixed Methods Approaches* (4th ed.). Thousand Oaks, CA, Sage. 304 p.

Dilley M., Chen R. S., Deichmann U., Lerner-Lam A. L. et Arnold M., 2005. *Natural Disaster Hotspots: A Global Risk Analysis.* Washington, D.C.: The World Bank.

Egoh B. N., Reyers B., Rouget M., Bode M. et Richardson D. M., 2011. The effect of land cover change on ecosystem services in South Africa. *Biological Conservation*, 144(2): 692-702.

FAO, 2003. *The State of Food Insecurity in the World 2003: Monitoring Progress towards the World Food Summit and Millennium Development Goals.* Rome, FAO. 150 p.

FAO, 2011. *The State of Food and Agriculture: Women in Agriculture – Closing the Gender Gap for Development.* Rome : FAO. 160 p.

FAO, 2018. *The State of Food Security and Nutrition in the World 2018: Building Climate Resilience for Food Security and Nutrition.* Rome : FAO. 1010 p.

FAOSTAT, 2019. *Statistiques de la production mondiale d'ignames.*

Fotsing, E. 2009. Impact du changement climatique sur les ressources hydriques et les productions agricoles au Cameroun : Analyse et perspectives. *Yaoundé* : Université de Yaoundé I. (Rapport de recherche inédit).

GIEC, 2007. Climate Change 2007: Impacts, Adaptation and Vulnerability. Contribution of Working Group II to the Fourth Assessment Report of the IPCC. Cambridge, Royaume-Uni: Cambridge University Press.

GIEC. 2014. Climate Change 2014: Synthesis Report. Contribution of Working Groups I, II and III to the Fifth Assessment Report of the Intergovernmental Panel on Climate Change. Cambridge, Royaume-Uni and New York, NY: Cambridge University Press.

Iglesias A., Garrote L., Quiroga S. et Moneo M, 2007. Adaptation strategies for agricultural water management under climate change in Europe. *Mitigation and Adaptation Strategies for Global Change*, 12(4): 499–518.

IPCC, 2021. Climate Change 2021: The Physical Science Basis. Contribution of Working Group I to the Sixth Assessment Report of the Intergovernmental Panel on Climate Change. Cambridge: Cambridge University Press. 3949 p.

Ismaila A., 2020. Perception paysanne de l'effet du changement climatique sur la production du maïs (*Zea mays* L., 1753) et du haricot (*Phaseolus vulgaris* L., 1753) dans l'Arrondissement de Ngan–Ha (Adamaoua Cameroun). Mémoire de Master, Université de Ngaoun,dr, Cameroun, 75 p.

Jorgensen D. L., 1989. Participant Observation: A Methodology for Human Studies. Newbury Park, CA : Sage Publications. 164 p.

Kvale S., 2007. Doing Interviews. Thousand Oaks, CA: Sage Publications. 160 p.

Lobell D. B., Burke M. B., Tebaldi C., Mastrandrea M. D., Falcon W. P. et Naylor R. L., 2008. Prioritizing climate change adaptation needs for food security in 2030. *Science*, 319(5863): 607-610.

Meinzen-Dick R., Quisumbing A., Behrman J., Biermayr-Jenzano P., Wilde V., Noordeloos M., Ragasa C. et Beintema N., 2014. Engendering Agricultural Research. *Journal of Gender, Agriculture and Food Security*, 1(1): 54-67.

Mellor J. W. et Dorosh P. A., 2008. Agriculture and the economic transformation of Ethiopia. *World Development, 36*(7), 1236-1244.

Mertz O., Halsnæs K., Olesen J. E. et Rasmussen K., 2009. Adaptation to climate change in developing countries. *Environmental Management*, 43(5) : 743-752.

Mertz O., Mbow C., Reenberg A. et Diouf A., 2009. Farmers' Perceptions of Climate Change and Agricultural Adaptation Strategies in Rural Sahel. *Environmental Management*, 43(5): 804-816.

MINADER, 2019. Annuaire Statistique du Secteur Agricole 2018. Yaoundé, Cameroun : Ministère de l'Agriculture et du Développement Rural. 152 p.

MINEPAT, 2020. Plan de Développement Régional de l'Adamaoua 2020-2030. Yaoundé, Cameroun : Ministère de l'Économie, de la Planification et de l'Aménagement du Territoire. 280 p.

Moksia J.J., 2021. Perception paysanne de l'impact de la variation climatique sur la production du riz dans le département du Mayo-Danay, Extrême Nord-Cameroun/ Mémoire de Master, Université de Ngaoun,dr, Cameroun, 90 p.

Molua E. L., 2002. Climate variability, vulnerability, and effectiveness of farm-level adaptation options: The challenges and implications for food security in Southwestern Cameroon. *Environment and Development Economics*, 7(3): 529-545.

Montgomery D. C. et Peck E. A., 1992. Introduction to Linear Regression Analysis (2nd ed.). New York, Wiley. 527 p.

Müller C., Bondeau A., Popp A., Waha K. et Fader M., 2014. Responses of Crops to Limited Water Supply in West Africa: Ecological and Economic Perspectives. *Environmental Research Letters*, 9(5): 1-12.

Neter J., Kutner M. H., Nachtsheim C. J. et Wasserman W., 1996. *Applied Linear Statistical Models* (4th ed.). Boston, MA : McGraw-Hill. 1408 p.

Nformi A. T., Mbanga H. M. et Nji A., 2014. Climate Change Effects and Farmers' Adaptive Capacity in the North West Region of Cameroon. *Journal of Agricultural Extension and Rural Development*, 6(3): 213-220.

OIT, 2012. Rapport annuel. 140 p.

Parry M. L., Canziani O. F., Palutikof J. P., van der Linden P. J. et Hanson C. E., 2007. Climate Change 2007: Impacts, Adaptation and Vulnerability. Contribution of Working Group II to the Fourth Assessment Report of the Intergovernmental Panel on Climate Change. Cambridge, Royaume-Uni : Cambridge University Press. 976 p.

PNUD., 2004. Rapport sur le développement humain 2004 : Liberté culturelle dans un monde diversifié. Paris:

Sanginga N. et Mbabu A., 2015. Root and tuber crops (cassava, yam, potato and sweet potato). *Dans:* Sanginga N. & Mbabu A. (Eds.), *Achieving Food Security in Africa: Challenges and Issues* Springer (pp. 45-67).

Sarr, B, 2012. Present and Future Climate Change in the Semi-Arid Region of West Africa: A Crucial Input for Practical Adaptation in Agriculture. *Atmospheric Science Letters*, 13(2): 108-112.

Srivastava A. K. et Gaiser T., 2008. Assessing the potential of agroforestry for adaptation and mitigation of climate change. *Agroforestry Systems*, 86(2): 305-317.

Tambo J. A. et Abdoulaye T., 2013. Smallholder farmers' perceptions of and adaptations to climate change in the Nigerian Savanna. *Regional Environmental Change*, 13(2): 375-388.

Tingem M., Rivington M. et Bellocchi G., 2008. Adaptation Assessments for Crop Production in Response to Climate Change in Cameroon. *Agronomy Journal*, 100(3): 655-666.

Yabi J. A. et Afouda F., 2012. Extreme climate events and crop yield in West Africa. *Environmental Economics*, 3(1): 21–31.

Yengoh G. T., Armah F. A. et Guodaar L., 2010. Trends in agriculturally-relevant rainfall characteristics for small-scale agriculture in northern Ghana. *Journal of Agricultural Science*, 2(3): 3-16.

Zhu X., Lin E. et Zhang Z., 2019. The impact of wind on crop growth and yield. *Agricultural Meteorology Journal*, 56(3) : 301-310.

ANNEXES

Annexe 1

FICHE D'ENQUETE RELATIVE A LA PERCEPTION PAYSANNE DE L'EFFET DU CHANGEMENT CLIMATIQUE SUR LA PRODUCTION DES CULTURES A NGAOUNDERE (cas de l'igname)

Section 0: Identification

S0Q00	N° du questionnaire		
S0Q01	Région	S0Q03	Arrondissement
SQ02	Département	S0Q04	Localité

Section 1 : Informations générales

S1Q01	Nom de l'enquêté
S1Q02	Producteur (1) Commerçant (2) Consommateur (3)
S1Q03	Sexe de l'enquêté : Masculin(1) féminin (2)
S1Q04	Ages :_____________ans
S1Q05	Religion : Chrétien(1) Musulman(2) Païen (3)
S1Q06	Situation matrimoniale : Célibataire(1) Marié(2)
S1Q07	Niveau d'instruction de l'enquêté Aucun (1) Primaire (2) Secondaire (3) Supérieur (4)
S1Q08	Nationalité de l'enquêté Cameroun ais (1) Nigeria (2) RCA (3) Autre, à préciser (4) ________
S1Q09	Depuis combien de temps habitez-vous dans ce village ?
S1Q10	Depuis combien de temps pratiquez-vous cette culture

Section 2: Relatives au changement climatique et son impact sur la production et le rendement de l'igname

S2Q01	Avez-vous déjà entendu parler du changement climatique ? Oui (1) ; Non (2)
S2Q02	Si oui? Où ?____
S2Q03	D'après vous le changement climatique selon vous C'est quoi? ____________ ____
S2Q04	Avez-vous remarqué un changement climatique au cours des dernières décenies ? Oui (1) Non (2)
S2Q05	Avez-vous l'impression que les saisons ont changé : Oui(1) Non(2) Si oui, quelles sont les changements observés ? a) Retard des pluies b) Pluviosité en baisse c) Raccourcissement de la durée de la saison pluvieuse d) Arrêt précoce des pluies e) Diminution de la rosée f) Fréquence de l'avortement des pluies g) Fréquence alternance inondation/sécheresse h) Agressivité des pluies
S2Q06	Y'a-t-il des variations du rendement de l'igname? Oui (1) Non (2) Si non Aller à S2Q10
S2Q07	En hausse (1) en baisses (2) Si 1 S2Q08 Si 2 S2Q09
S2Q08	Taille (1) Grosseur (2)
S2Q09	Pourquoi?
S2Q10	Cause(s) des variations du rendement agricole de l'igname: changement climatique (1) Choix de variétés(2) manque d'intrants(3) maladies (4) Autres à spécifier(5) ________________.
S2Q11	Ce changement a-t-il des effets sur le rendement agricole? Oui(1) non (2) Si oui comment ?__________________________
S2Q12	Quels sont les facteurs qui ont le plus d'effet sur la production de l'igname ? Chaleur (1) Humidité (2) insolation (3) sol (4) vent (5) Autres (6) ____

S2Q13	Les saisons agricoles se déroulent-elles de LA même façon qu'auparavant? 1 (Oui) 2 (Non) pourquoi? : ____
S2Q15	Lesquels:1____________2____________3__________4__________ 5____________6____________7____________8____________
S2Q15	Avez-vous l'impression que le calendrier agricole a changé ? Oui(1) Non(2) Si oui, Quelles sont les modifications observées ? *a) Retard dans les précipitations Oui Non* *b) Bouleversements des dates de semis Oui Non* *c) Abandon de certaines spéculations Oui Non* *d) Introduction de nouvelles spéculations Oui Non* *e) Semis multiples Oui Non* Autres.......................................
S2Q16	Indiquer les durées des saisons *) Saison pluvieuse : 2 mois, 3 mois,* *4 mois, 5 mois, 6 mois, Autres :* *b) Saison sèche [à déduire de a)]*
S2Q17	Quel était le début de la saison pluvieuse avant : *a)fevrier; b); mars c); avril d) mai*
S2Q18	Aujourd'hui la saison démarre en quel mois ? *a) mars ; b) avril ; c) mai ; d) juin ; e) juillet ; f) aout*
S2Q19	Quelles sont actuellement les dates de semis ? *a) mars ; b) avril ; c) mai ; d) juin ; e) juillet*

Section 2a: Si l'enquêté est un Producteur (spécifiquement l'igname)

S2Q01a	Etes-vous résident de la localité (lieu de production)? Oui (1) Non (2)	
S2Q02a	Vous cultivez quoi? 1______________ 2_______________ 3_______________ 4________________	
S2Q03a	La culture de l'igname est-elle prioritaire pour vous ? pourquoi ?	
S2Q04a	Quels sont les motifs de la pratique de la culture d'igname?	
S2Q05a	Quelles variétés d'ignames produisez-vous R1______ R2_______ R3___________________	
S2Q06a	Quelles variétés d'ignames préférez-vous? R1_______________________________	
S2Q07a	Pourquoi?____	
S2Q08a	Superficie de terres cultivée ? 0-1ha (1) 2-4 ha (2) 4-6 ha (3) 6-8 ha(4) 8-10ha (5) 10 ha (6)	
S2Q09a	Quelle technique culturale utilisez-vous pour la production de l'igname dans votre champ ? (1) Rotation 2) Culture sur brulis (3) Association des cultures (4) Autres à préciser_______	
2Q10a	Si 3 avec quelle spéculation? (1) Arachide (2) haricot (3) maïs (4) pomme de terre (5) autres __________________________	
2Q11a	Vous utilisez quels modes cultures (1) en poquets (2) en billons	
2Q12a	Comment est le rendement ?	
S2Q14a	Avec combien de personnes travaillez-vous ? ________________________ personnes Famille b) main d'œuvre c) autres	
S2Q15a	Quels sont vos principaux clients? Grossistes (1) Détaillants (2) Particuliers (3)	

S2Q16a	Rencontrez-vous souvent des problèmes ? Oui (1) Non (2)	
S2Q17a	Quels sont ces problèmes?	
S2Q18a	Quelles sont les solutions que vous proposé?	

Section 2b: Si l'enquêté est un Vendeur

S2Q01b	Vous vendez en: Gros (1) détaille (2)	
S2Q02b	Quelles sont vos principaux fournisseurs? Producteur (1) Grossiste (2) Si 2 allez ⟶ à S2Q38c	
S2Q03b	Vous vous approvisionné en terme de : Sacs (1) Pick-up (2) Pousse (3) Tas (4)	
S2Q04b	Combien coûte: Sacs (1)________Fcfa Pick-up (2)__________ Fcfa Pousse (3) ________ Fcfa Tas (4)___________ Fcfa	
S2Q05b	Le prix est-il trop élevé? Oui (1) Non (2) Si 1 pourquoi ?_________________________________	
S2Q06b	Quelles sont vos principaux clients? Particuliers (1) Détaillants (2)	
S2Q07b	Connaissez- vous la distance qui sépare votre lieu de vente et le lieu de provenance? Oui (1) Non (2)Si Oui, combien de Km:______ Km	
S2Q08b	Indiquez le lieu de production qui fournit plus d'igname: 1) 2)	
S2Q09b	Rencontrez-vous souvent des problèmes ? Oui (1) Non (2) Si Non fin de l'interview Section 2b	
S2Q10b	Quels sont ces problèmes? 1- 2- 3-	
S2Q11b	Quelles sont les solutions que vous proposé? 1- 2- 3-	

Section 2c: si l'enquêté est un cultivateur (igname et autres spéculations)

S2Q01c Utilisez-vous les produits chimiques pour la protection de vos plantes? Oui

Si Oui, pouvez-vous citez quelques produits chimiques que vous utilisés?

S2Q02c Combien de fois les utilisez-vous?...

S2Q03c à quel moment du cycle de vie de l'igname appliquez-vous les produits chimiques ?

S2Q04c Comment faites-vous la différence entre ces trois types de produits chimiques?

A) pesticides b) fongicides c) herbicides

S2Q05c Qu'est-ce qui guide votre choix pour chacun de ces produits?

S2Q06c Lisez-vous le mode d'utilisation indiqué sur l'emballage avant de l'utiliser?

Oui☐ Non ☐ Si Non, Pourquoi? :

....

....

S2Q07c Faites-vous attention au dosage du produit en fonction de la surface à pulvériser?Oui ☐ Non☐ Si Non, pourquoi?:

....

....

S2Q08c Comment utilisez-vous ces produits chimiques? (dites-nous comment vous faites le mélange avant d'aller pulvériser)

....

....

S2Q09c associez-vous vos cultures d'ignames avec d'autres cultures ?

Oui non

Si oui lesquelles ? Arachide ☐ haricot ☐ maïs ☐

pomme de terre ☐ autres ....

S2Q10c Quelle technique culturale utilisez-vous pour la production de l'igname dans votre champ ? Rotation culture sur brulis

association des cultures autres......................

S2Q11c Quelles sont les différentes cultures que vous pratiquez ?

S2Q12c Utilisez-vous des pesticides bio/organiques et/ou des engrais bio pour vos cultures?

Oui ☐ Non ☐

S2Q13c Etes-vous membre d'une organisation des agriculteurs de votre localité?

Oui☐ Non ☐

Si Oui, laquelle?..

Si Non, pourquoi?...

....

S2Q14c quel est le rendement à l'hectare ?

S2Q15c Quels sont les facteurs qui influencent un bon rendement?

S2Q16c Si oui pourquoi ?

S2Q17c Quelle est votre période de semis habituel ? a-t-elle changée ces dernières années ?

S2Q18c Si oui pourquoi ?

Section3 : **questions relatives aux mesures d'adaptation**

S3QO1 Prenez-vous des mesures d'adaptation au changement climatique ? Oui non
Si oui, lesquelles ?
....
.....

S3Q02 En cas de baisse de précipitation, quelle mesure d'adaptation adoptez-vous ?
....

S3Q03 En cas d'augmentation de pluie, quelle mesure d'adaptation adoptez-vous ?...
....

S3Q04 En cas de perte de fertilité du sol quelles mesures utilisez-vous ? quels types d'intrants utilisez-vous ? 1-chimiques 2-organiques

S3Q05 Si 1 : pourquoi ? ....
Si
2 :pourquoi ?...

S3Q06 En cas de vents violents quelles mesures utilisez-vous ?
....

S3Q07 La pratique de l'agro-écologie et de l'agroforesterie peut-il vous aider à atténuer ces effets du changement climatique ? (ici il faut bien expliquer aux paysans l'agro-écologie et l'agroforesterie) Oui non
Si oui laquelle de ces deux pratiques est la meilleure ?

S3Q08 avez-vous une activité secondaire autre que l'agriculture ? Oui non

Si oui, commerce ☐ élevage ☐ ☐ transport

autres……………………..

S3Q09 Techniques d'adaptations aux fluctuations climatiques :

a) recherche ou adoption de cultures à cycle court
b) b) semis précoces
c) c) semis tardifs
d) d) Semis multiples
e) e) Semis à sec
f) f) réduction des emblavures
g) g) utilisation de fertilisants chimiques (engrais)
h) h) Abandon de certaines spéculations
i) i) introduction de nouvelles spéculations
j) j) Système de cultures associées
k) k) Modification du calendrier agricole
l) l) Changement de technique culturale
m) m) Usages de fertilisants chimiques
n) Autres …………………………………………………………………………

S3Q10 Tendances du rendement à l'horizon 2035

Annexe 2 :

Données sur les paramètres climatiques de la Vina entre 2013 et 2023

Année	T (°C)	H (%)	P (mm)	V (Km /h)
2013	21.0	63.73	1473.3	3.33
2014	21.6	60.35	1482.2	2.5
2015	21.6	62.04	1263.5	1.92
2016	22.2	61.38	1690.9	2.17
2017	21.8	63.83	1455.1	3.42
2018	21.7	55.67	1582.7	3.17
2019	21.7	62.17	1817.1	3.67
2020	21.1	61.53	1291.9	5.67
2021	21.6	62.77	1781.0	3.5
2022	22.1	59.08	1884.1	3.33
2023	21.2	61.785	1860.8	3.33

Température (T), Humidité (H), Précipitations (P) et vitesse du vent (V).

SOURCE : Rapports annuels ASECNA Ngaoundéré

Données sur les rendements d'ignames (t/ha) dans les sites d'étude entre 2013 et 2023.

Année	Mbé	Nyambaka	Ngan-ha
2013	10,0	11,0	11,5
2014	10,0	14,0	0,4
2015	11,0	10,0	3,24
2016	10,0	11,0	10,0
2017	9,0	10,0	12,57
2018	10,29	6,05	12,06
2019	10,34	8,0	11,31
2020	9,17	9,0	11,31
2021	10,02	10,0	9,95
2022	9,98	10,0	10,53
2023	9,94	10,0	11,5

Perception paysanne de l'impact de la variation climatique sur la production du riz dans le département du Mayo-Danay, Extrême Nord- Cameroun

MOKSIA Josué Jacques[1], IBRAHIMA Adamou[1], BABE NDARA Grégoire[1], MAMADOU LAMINOU Mal Amadou[23], MOUSTAPHA Moussa[1] et RANAVA Dieudonné[3]

[1]Laboratoire des Biodiversités et Développement Durable, Faculté des Sciences, Université de Ngaoundéré, BP 454, Ngaoundéré, Cameroun.
[2]Centre Régional de la Recherche et d'Innovation de l'Adamaoua, PB 65 Ngaoundéré, Cameroun.
[3]Centre de Recherche de Wakwa, Institut de Recherche Agricole pour le Développement, BP xx, Ngaoundéré, Cameroun.

Résumé

La présente étude vise à évaluer la perception paysanne de l'impact de la variation climatique sur la production du riz dans le Département du Mayo-Danay, Extrême-Nord, Cameroun. Ainsi, 140 riziculteurs ont été interrogés dans ce Département à base d'un questionnaire structuré, à raison de 40 riziculteurs par chacune des trois communes, Maga, Vêlé et Yagoua et, 20 dans la commune de Gobo. Les données collectées portent sur les caractéristiques socio-culturelles des producteurs, leurs itinéraires techniques et les contraintes de production du riz, leurs perceptions sur des évènements climatiques affectant le rendement du riz et leurs stratégies d'adaptation. Les résultats d'enquêtes montrent que les paysans perçoivent clairement les variations climatiques et leur impact sur la production du riz à travers principalement le retard (89,00%) et la diminution des pluies (87,00%), l'inondation (88,60%), la sécheresse (85,00%) et l'insolation (44,30%).

L'impact de ces variations des paramètres climatiques sur la production rizicole s'observe directement sur la variation de rendement en fonction des campagnes rizicoles et confirment la connaissance traditionnelle. Pour faire face à ces variations climatiques, deux types de stratégies d'adaptations sont développés par les exploitants dans ces communes. Il s'agit de l'adaptation variétale telle que l'utilisation des variétés améliorées, et celle des pratiques culturales comme la pratique de semis-direct, la transplantation, la construction des diguettes de protection et l'utilisation des forages. Ces stratégies paysannes pourraient contribuer à la durabilité des ricicultures afin de lutter efficacement contre l'insécurité alimentaire.

Mots clés : Changement climatique, perception paysanne, production du riz, stratégie d'adaptation, Mayo-Danay, Cameroun.

Abstract

The aim of this study was to assess farmers' perceptions of the impact of climate variation on rice production in the Mayo-Danay Division, Far North, Cameroon. A structured questionnaire was used to interview 140 rice farmers, 40 from each of the three communes of Maga, Vêlé and Yagoua and 20 from the commune of Gobo. The data collected covered the socio-cultural characteristics of the farmers, their technical itineraries and rice production constraints, their perceptions of climatic events affecting rice yields and their adaptation strategies. The results showed that farmers clearly perceive climatic variations and their impact on rice production, mainly through the delay (89.00%) and decrease in rainfall (87.00%), flooding (88.60%), drought (85.00%) and insolation (44.30%). The impact of these variations in climatic parameters on rice production could be seen directly in the variation in yields between rice-growing seasons, confirming traditional knowledge. Farmers in these communes have developed two types of adaptation strategy to cope with these climatic variations. These are varietal adaptation, such as the use of improved varieties, and cultural practices, such as direct sowing, transplanting, constructing of protective bunds and the use of boreholes. These farmers' strategies could contribute to the sustainability of rice-growing in order to effectively combat food insecurity.

.

Key words: Climatic variation, peasant perception, rice production, adaptation strategy, Mayo-Danay, Cameroon.

1. INTRODUCTION

Selon les projections des Nation Unies, la population mondiale devrait augmenter de 2 milliards de personnes au cours de trente prochaines années, passant de 7,7 milliards actuellement à 9,7 milliards en 2050 (FAO, 2018). Ainsi, plus de la moitié de la croissance démographique dans le monde d'ici 2050 aura lieu en Afrique. Proportionnellement, c'est la région qui connaîtra la plus forte croissance démographique (FNUAP, 2019). Cette croissance de la population s'observe également au Cameroun qui s'enregistre une augmentation annuelle de 2,6% en moyenne, rythme auquel la population passera de 25,9 millions d'habitant en 2019 à 45,4 millions d'habitants en 2045 (MINEPAT 2017 ; FAO, 2019).

En effet, tout comme les populations mondiales, les émissions mondiales de Gaz à Effet de Serre (GES) ont augmenté avec une rapidité fulgurante ces dernières décennies. Entre 1970 et 2000, la concentration moyenne de Gaz à Effet de Serre dans l'atmosphère a augmenté de 1,3% par année et entre 2000 et 2010, elle a augmenté de 2,2% par année. Depuis 2010, elle augmente d'environ 3% par année (GIEC, 2014). D'après le Groupe d'Experts Intergouvernemental sur l'Evolution du Climat (GIEC), la croissance démographique et le changement climatique sont directement liés et les conséquences néfastes de la concentration de GES dans l'atmosphère se manifestent par le réchauffement climatique, freinant les efforts des populations humaines les plus pauvres pour leur survie (GIEC, 2007). Ainsi, les impacts du Changement Climatique se font de plus en plus ressentir par des paysans sur l'agriculture des pays en voie de développement, et la plupart de ces impacts sont attribués à l'augmentation de la température et à la variabilité des précipitations (Iglesias *et al.,* 2007). Une étude sur les scénarios climatiques et les rendements agricoles futurs a montré qu'à l'horizon 2025, les changements climatiques vont entraîner une baisse considérable des rendements des principales cultures en Afrique sub-saharienne (Zhao *et al.*, 2005), notamment le manioc (-26 %), l'arachide(-15 %) et le maïs (-11 %), alors que les populations de la plupart de ces pays africains doubleront (UNFPA, 2011).

L'agriculture irriguée, comme la culture du riz qui joue un rôle important dans la nutrition des populations urbaines en Afrique, sera également affectée pas seulement à cause d'une possible modification de la disponibilité en eau, mais à cause de l'augmentation de la température qui peut entraîner des pertes conséquentes de rendements (Dingkuhn *et al.,* 1995) . Pourtant, le riz est l'aliment de base essentiel dans quinze pays d'Asie et du pacifique, dix pays d'Amérique latine et Caraïbes, un pays d'Afrique du nord et sept pays d'Afrique subsaharienne (FAO, 1999). Car il est une source de vitamine du groupe B (thiamine, riboflavine et niacine), des sels minéraux (fer, magnésium, zinc, calcium,...), des acides glutamique et aspartique (Grist, 1986; Juliano, 1993).

Comme les vallées du Sénégal et du Niger, les plaines inondables du Chari et du Logone présentent en zone soudano-sahélienne des milieux facilement utilisables pour la riziculture. Cette possibilité a été envisagée dès la fin de la période coloniale en vue d'un double objectif : approvisionnement des centres urbains en riz et développement agricole des régions. Ainsi, nous remarquons que le Cameroun dépend encore largement des importations pour satisfaire ses besoins en riz (MINADER, 2009). Les tentatives de développement de la population rizicole amorcées depuis longtemps ont rarement donné des résultats probants. Pourtant le projet d'intensification de la production de cette denrée au Cameroun date de la période coloniale, car depuis 1950 les colons français entreprenaient d'intensifier la culture du riz ; mais des entreprises chargées de ce travail donnaient des résultats peu fructueux (Roupsard *et al.,* 2005). C'est à partir de 1960 que les autorités du Cameroun indépendant, avec l'aide des bailleurs des fonds internationaux décident de prendre les choses en main. C'est ainsi qu'un projet rizicole de plusieurs millier d'hectares est mis en œuvre dans le Mayo-Danay, dirigé aujourd'hui par la SEMRY et soutenu par d'autres structure d'encadrement tels que la SODERIM, l'UNDVA, ... (Mander *et al.,* 2005). A partir de cette période (1960), malgré les aménagements hydro-électriques effectués dans les périmètres contrôlés par la SEMRY; il y a eu toujours des fluctuations de productivité de riz dans ce département de Mayo-Danay

(MINADER, 2009) et le rendement moyen élevé était estimé à 5 t/ha (Deveze, 1991).

Aujourd'hui, la modification et ou la variabilité des paramètres climatiques (température, précipitation, humidité relative de l'air, vent, insolation,...) cause de nombreux problèmes à presque toutes les cultures dans la région de l'Extrême Nord Cameroun, y compris la riziculture dans le Mayo Danay. Ces problèmes se caractérisent par la variabilité des rendements qui peuvent être à la hausse ou à la baisse et en fonction de différentes anomalies climatiques. Dans ce cas, Pour faire face aux impacts des changements climatiques et réduire la vulnérabilité des agrosystèmes, les populations ont toujours mis en valeur leurs savoirs endogènes (Sarr *et al.*, 2008). Mais ces mesures endogènes, dans certains cas, ont montré leurs limites comme en témoigne la persistance de la situation de crises alimentaires que les pays sahéliens et subtropicaux ont connues au cours de ces dernières décennies.

De nombreux travaux relatifs à cette thématique ont été effectués par certains auteurs. Notamment le cas de N'dakouassi (1984) à Montpellier sur la réponse physiologique de deux de variété (variétés pluviale et aquatique) du riz (*Oryza sativa* L.) au déficit hydrique. D'autres travaux ont évalué l'impact du changement climatique sur la production du maïs et du haricot (Ismaïla, 2021) et sur la production d'ignames (Mamout, 2024) dans le département de la Vina Adamaoua, Cameroun. Cependant dans notre zone d'étude aucune étude n'a été effectuée dans cette perspective. L'objectif de ce travail est d'évaluer les perceptions paysannes des variations climatiques et leur impact sur la production du riz dans le département du Mayo- Danay afin de contribuer à la compréhension de l'impact des changements climatiques sur les rendements rizicoles dans l'Extrême Nord Cameroun et d'assure une gestion durable des rizicultures. En d'autres termes, il s'agit de 1) d'évaluer les perceptions paysannes de l'évolution des paramètres climatiques dans le département de Mayo-Danay, 2) déterminer l'influence des variations climatiques sur la production du riz et 3) d'évaluer les stratégies paysannes d'adaptations au changement climatique pour une gestion durable des ricicultures dans le Mayo-Danay.

2. MATERIEL ET METHODES

2.1. Sites d'étude

Notre étude a été conduite dans quatre communes du département du Mayo-Danay situé dans la région de l'Extrême Nord Cameroun (Figure 1). Créée en 1960 avec une superficie de 5 303 km^2 et une population de 522 782 habitants environ en 2001; le département de Mayo-Danay dont le chef-lieu est Yagoua, s'étend entre 10°30'0'' de latitude Nord et 15°0'0'' de longitude Est. Le relief du Mayo-Danay est assez uniforme. Il se présente sous forme d'une plaine de pente négligeable appartenant au prolongement naturel de la plaine alluvionnaire du Bassin du Lac Tchad (PCD, 2020).

La pédologie du Mayo-Danay est caractérisée par plusieurs types de sol : 1) les Luvisols caractérisés par une accumulation d'agiles qui se retrouvent dans les Plaines d'inondation des yaérés. Ces sols sont favorables à l'agriculture vivrière comme le sorgho ou le mil, le maïs, à l'agriculture de rente comme le coton et le riz, et aux pâturages (PCD, 2020) ; 2) les Fluvisols sont concentrés vers le Lac Tchad, le long du cours du Logone, et l'axe Mora-Yagoua. Ils sont très favorables à la culture du riz (PCD, 2020) ; 3) les Planosols caractérisés par des surfaces limoneuses, sont utilisés comme pâturage où l'on pratique également en saison sèche la culture de Muskuari; 4) les sols sableux de faible fertilité sont utilisés pour la culture du Sorgho rouge, du mil pénicillaire, des arachides, du maïs et du Vouandzou. On les retrouve essentiellement dans le canton de Bougoudoum, qui draine de nombreuses populations en provenance du canton Moussey (Gobo) pour le prélèvement du sable (PCD, 2020).

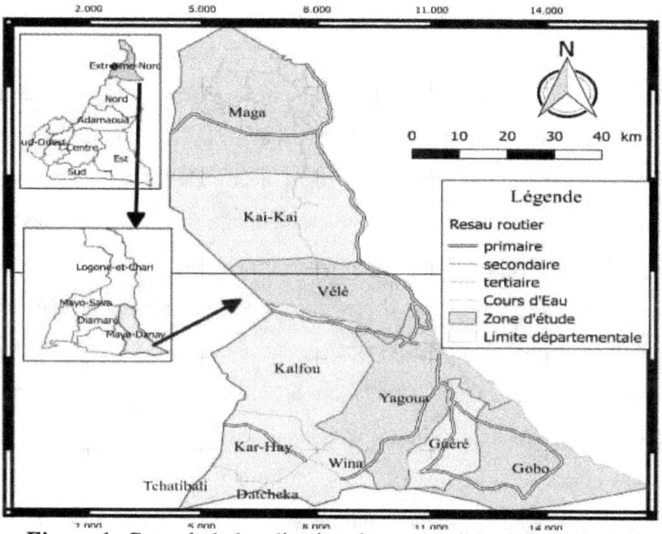

Figure 1: Carte de la localisation des zones d'études (Moksla, 2020)

Source : Extrait de la base de données SOGEFI, 2020

Le climat de notre zone d'étude est de type soudano-sahélien à deux saisons : une saison sèche de 8 à 9 mois, allant de mai à fin septembre et une saison de pluies de 3 à 4 mois, longue allant d'octobre à avril. Les précipitations y sont assez faibles avec une moyenne annuelle de 800 mm. Les principales caractéristiques sont une insolation importante et une température élevée oscillant entre 20 et 30°C (PCD, 2020).

Nous notons la proximité du fleuve Logone et du cours d'eau « Danay » qui traverse littéralement la ville de Yagoua. Une grande partie de la plaine est périodiquement inondée par des eaux issues essentiellement des débordements du fleuve Logone. Le processus naturel de submersion du Yaéré s'effectue en trois étapes. Au début de la saison pluvieuse (mai-juillet), les argiles qui forment l'essentiel des sols de la plaine gonflent et deviennent imperméables. Si les eaux de pluie sont abondantes, elles remplissent les mares et constituent les premières inondations dans les bas-fonds. Les apports des cours d'eau des monts Mandara

(0,5 à 1 milliard de m^3), très chargés en limons arrivent ensuite pour parachever cette opération. Les débordements du Logone qui apportent la masse d'eau la plus importante (3 à 4 milliards de m^3), ne commencent en général qu'au début du mois de septembre. Il se crée alors une lame d'eau de 0,7 à 1,2 m qui recouvrira la plaine durant 3 à 4 mois. Quand s'amorce la décrue du fleuve, une partie des eaux d'inondations y retourne suivant un mouvement de reflux, mais une bonne partie est perdue par évaporation dans la plaine vers le Lac Tchad (PCD, 2020).

Sur le plan de la végétation, c'est une savane arbustive et une savane arborée constituée de végétation de steppe parsemée des plantes épineuses naines et des herbes parasites. Cette végétation est composée principalement des mimosacées constituées de différentes variétés d'acacias, des césalpiniacées, des papilionacées et des rôniers. Les analyses ont montré que les espèces végétales caractéristiques des zones inondées comme le *Vetiveria nigrita* et *Vechinochloa pyramidalis*, plus riches en protéines et bien appréciées des animaux ont été remplacées par des espèces ligneuses (PCD, 2020).

La faune est composée des oiseaux migrateurs, des petits gibiers tels que les écureuils et les lapins. On peut y ajouter les rongeurs, les souris et les rats qui y prolifèrent. D'autres espèces d'oiseaux y vivent également à savoir les vautours, les mage-mil, les éperviers, les pique- bœufs, les pigeons, les corbeaux, les aigles, les pintades, les hérons, etc. La faune aquatique quant à elle regroupe les hippopotames, les varans et une grande variété des espèces de poisson : le tilapia, carpe, machoiron, silure, capitaine, etc. Mais au-delà de cette richesse faunique, on note la menace considérable de disparition de certaines espèces du fait de la chasse, des feux de brousse et de la déforestation, voire de la rudesse du climat (PCD, 2020).

Les principaux groupes ethniques rencontrés dans le département de Mayo Danay sont les Massa, Toupouri, Mousgoum, Moussey, Peulhs, kanuri et kéréa. Ainsi, leurs activités principales sont l'agriculture, généralement destinés à l'autoconsommation et à la commercialisation, l'élevage, la pèche dans le Logone et les commerces. En ce qui concerne la riziculture elle est beaucoup plus pratiquée par les autochtones (Massa), car les autres ethnies ne s'y intéressent pas mais font plutôt d'autres activités telles que les commerces et l'élevage (à l'exemple des peulhs). L'abandon de cette culture par les autres ethnies a été toujours justifié dans ce département par le fait que la riziculture nécessite assez d'entretien, des moyens financiers et des mains d'œuvre abondantes, à ceci s'ajoute le manque des terrains. Ce qui n'est pas vraiment facile pour la population allogène (PCD, 2020).

Les 4 sites sélectionnés sont situés dans les communes de Yagoua, de Maga, de Gobo et de Vêlé. Ces sites ciblés sont de grands foyers de production du riz irrigué et riz pluvial dans le Mayo Danay.

2.2. Méthodologie

2.2.1. Echantillonnage des riziculteurs

La détermination de la taille de l'échantillon est une étape importante avant toute enquête, car elle permet de fixer la précision de l'analyse. La taille de l'échantillon a été déterminée par la formule de Schwartz (1995) qui s'écrit :

$$N = t^2p(1-p)/e^2$$

Où : N est la taille de l'échantillon, t est le niveau de confiance dudit du taux de confiance (traditionnellement 1,96 pour un taux de confiance de 95 %), p est la proportion estimative de la population présentant la caractéristique étudiée, soit p = n/N (n est le nombre total des riziculteurs dans le Mayo-Danay et N, le nombre de la population active agricole dans le Mayo Danay). Dans cette étude, p est la proportion des populations rizicoles (n = 21 722, soit 2 000 pour la riziculture irriguée et 1 722 pour la riziculture fluviale) par rapport au nombre de la population active agricole dans le Mayo Danay (N = 489168), soit 4,4 %, et e est la marge d'erreur (traditionnellement fixée à 5 %).

En se servant du nombre de la population active agricole et du nombre des riziculteurs dans le Mayo-Danay, et selon la formule de Schwartz, l'échantillon représentatif devrait être constitué d'au moins 65 riziculteurs. Pour améliorer la représentativité et la précision, ce nombre a été revu à la hausse. Au total 140 riziculteurs du secteur rural ont été sélectionnés et repartis selon les communes (Tableau 2). Dans ce processus d'enquête, c'est la technique du choix raisonné qui a été privilégiée qui a permis d'identifier des cultivateurs du riz et représentant 4,4 % de la population active agricole. Les enquêtés doivent avoir au moins 25 ans avec une expérience d'au moins 20 ans dans le domaine agricole et une ancienneté d'au moins 5 ans dans la riziculture.

Tableau 2: Répartition des riziculteurs enquêtés par commune de Mayo-Danay.

Communes	Riziculture irriguée	Riziculture pluviale	Effectif	Fréquence (%)
Gobo	0	20	20	14,2
Velé	20	20	40	28 ,6
Maga	20	20	40	28,6
Yagoua	20	20	40	28,6
Total	60	80	140	100

2.2.2. Collecte des données

La Méthode Active de Recherche Participative (MARP) est la technique utilisée pour collecter les informations relatives au problème de vulnérabilité agricole et pour appréhender les perceptions et les connaissances paysannes (Bara guèye, 1993). La MARP part de l'hypothèse que les populations ont élaboré des savoirs locaux au fil du temps et qu'il faut nécessairement les respecter pour mener des enquêtes (Bara guèye, 1993). C'est ainsi qu'un questionnaire (Annexe 1) est adressé aux chefs d'exploitations (riziculteurs) durant le mois d'Aout 2020, période de transition entre la campagne rizicole de la saison sèche et celle de la saison pluvieuse. Ceci a permis de recueillir des informations quantitatives et qualitatives. Les riziculteurs ont été interrogés dans les ménages ou dans leurs champs, de manière individuelle ou en groupe. Les interviews étaient semis – structurés, comprenant les questions fermées où on répond par oui ou non, les questions ouvertes où on répond délibérément selon son point de vus et les questions orientées où quelques réponses sont proposées au répondant. Les données collectées portaient sur les caractéristiques socioculturelles des riziculteurs sélectionnés au hasard, sur les impacts du changement climatique sur la production du riz et sur leurs stratégies d'adaptation pour atténuer les effets du changement climatique.

Par ailleurs, les données climatiques telles que la pluviométrie et la température ont été obtenues à la station météorologique de Yagoua (Annexe 2). Quant aux données sur la production de riz, elles ont été obtenues à la SEMRY de Yagoua (Annexe 2).

2.3. Analyses statistiques des données

Les données qualitatives collectées par questionnaire et guide d'entretien ont été traitées à l'aide du logiciel Sphinx plus[2] version 5.0 afin d'extraire et de capitaliser les informations sous forme numérique facilement utilisables. Les données quantitatives ont été ensuite soumises à une analyse, grâce au modèle de régression linéaire. Ainsi, Microsoft Excel version 2013 a servi de codifier certaines informations de différents sites d'études, de tracer les graphiques, tableaux et les secteurs.

3. RESULTATS

3.1. Caractéristiques des enquêtés

L'analyse du tableau 2 montre que l'échantillon des enquêtés est composé en grande majorité des hommes (80,62%) que de femmes (19,38%). Ce proportion est de 72,5% des hommes dans la commune de Yagoua, 85% dans chacune des communes de Maga et de Velé, et 80% dans la commune de Gobo, contre 27,5% des femmes dans la commune de Yagoua, 15% dans chacune des communes de Maga et de Velé, et 20% dans la commune de Gobo. L'âge des majorités est compris entre 35 et 65 ans. Il y a très peu des enquêtés qui ont plus de 65 ans (6,25%) et pratiquement aucun qui a moins de 35 ans. L'ethnie largement dominante dans le département est le Massa (71,88%) et dans tous les communes (60 à 95%), excepté dans la commune de Maga où il y a 50% des Mousgoum. La majorité des riziculteurs sont mariés (93,75%) et on retrouve la même tendance dans les quatre communes (87,5 à 97,5%). La religion dominante dans le département est le christianisme (80,63%), suivie de loin par l'Islam (18,13%). Il n'y a pas d'animiste, ni d'athée dans le département. On observe la même tendance dans les communes, sauf qu'à Maga où il y a un peu plus des Musulmans (50%) que les chrétiens (40%).

Tableau 2: Caractéristiques des riziculteurs enquêtés (%) dans les 4 communes de Mayo Danay

Variables	Modalités	Yagoua	Maga	Vêlé	Gobo	Moyenne
Sexe	Masculin	72,50	85,00	85,00	80,00	80,62
	Féminin	27,50	15,00	15,00	20,00	19,38
Classes d'âge (années)	[25-35[	0,00	0,00	0,00	0,00	0,00
	[35-50[	37,50	40,00	55,00	55,00	46,88
	[50-65[	52,50	52,50	40,00	40,00	46,25
	≥ 65	5,00	7,50	7,50	5,00	6,25
Ethnie	Massa	95,00	45,00	87,50	60,00	71,88
	Mousgoum	2,50	50,00	7,50	0,00	15,00
	Peulh	0,0	0,00	0,00	0,00	0,00
	Toupouri	2,50	0,00	2,50	0,00	1,25
	Moundang	0,00	2,50	2,50	0,00	1,25
	Moussey	0,00	0,00	0,00	40,00	10,00
Situation matrimoniale	Célibataire	7,50	2,50	2,50	0,00	3,13
	Marié	87,50	95,00	97,50	95,00	93,75
	Veuf (Ve)	5,00	0,00	0,00	5,00	2,50
	Divorcé (e)	0,00	2,50	0,00	0,00	0,63
Religion	Chrétien	97,50	45,00	85,00	95,00	80,63
	Musulman	2,50	50,00	15,00	5,00	18,13
	Animiste	0,00	0,00	0,00	0,00	0,00
Niveau d'étude	Non scolarisé	2,50	2,50	2,50	10,00	4,38
	Etude primaire	35,00	25,00	22,50	15,00	24,38
	Etude secondaire	55,00	55,00	65,00	70,00	61,25
	Etude supérieur	7,50	17,50	10,00	5,00	10,00
Activités	Agriculture	100,00	97,50	97,50	100,00	98,75
	Commerce	7,50	15,00	10 ,00	10,00	10,83
	Pêche	5,00	22,50	15,00	0,00	10,63
Ancienneté (années)	10	32,50	67,50	50,00	100,00	62,50
	≥ 10	67,50	32,50	50,00	0,00	37,50
	Riz	100,00	100,00	100,00	100,00	100,00

Cultures pratiquées	Maïs	47,50	25,00	5,00	35,00	28,13
	Mil	80,00	25,00	60,00	75,00	71,67
	Manioc	0,00	0,00	5,00	5,00	2,50
	Arachide	0,00	0,00	0,00	45,00	11,25
	Coton	0,00	0,00	0,00	95,00	23,75
Formation dans la riziculture	Oui	20,00	27,50	10,00	0,00	14,38
	Non	80,00	72,50	90,00	100,00	85,63
Motivation	Commercialisation	92,50	85,00	92,50	95,00	91,25
	Consommation	100,00	67,50	97,50	100,00	91,25
	Recherches	0,00	0,00	0,00	0,00	0,00

Le niveau d'étude dans la grande majorité dans le département est le secondaire (61,25%), suivi du primaire (24,38%). Les non-scolarisés sont très faibles (4,38%) par rapport à ceux qui ont le niveau supérieur (10%). On observe la même tendance dans les communes, sauf que dans la commune de Gobo, les non-scolarisés sont plus élevés (10%) que ceux qui ont le niveau supérieur (5%). Tous les enquêtés sont des agriculteurs (98,75%) qui ont au moins de 10 ans d'ancienneté (100%). Ils associent cette activité aux commerces (10,83%) ou à la pêche (10,3%). Dans la commune de Gobo, il n'y a pas de pêcheur dans l'échantillon. Dans le département comme dans les quatre communes, le riz est cultivé à 100% par les enquêtés, suivie de cultures de mil (71,67%) et de maïs (28,13%). Le manioc n'est cultivé que dans les communes de Vêlé (5%) et Gobo (5%). L'arachide (45%) et le coton (95%) ne sont cultivés que dans la commune de Gobo. On ne cultive pas du tout la patate dans les quatre communes. Il faut noter également que la majorité de nos riziculteurs enquêtés n'ont pas suivis une formation dans la riziculture (85,63%), surtout ceux de Gobo qui représentent 100% de nos enquêtés. Ils sont motivés par une riziculture dont le produit (riz) est destiné à l'autoconsommation et la commercialisation

3.2. Perception paysanne de la variation climatique et son impact sur la production du riz

3.2.1. Perception paysanne de la variation des paramètres climatiques et ses indicateurs d'impact sur la production du riz

Les enquêtes menées auprès des riziculteurs dans le département de Mayo-Danay ont montré qu'ils ont une connaissance sur l'évolution du climat et son impact sur l'agriculture en générale et la production du riz en particulier. Ainsi, les 140 riziculteurs interrogés dans les différents sites d'études perçoivent bel et bien la variation et le changement climatique grâce aux indicateurs tels que les inondations (88,60%), le retard des pluies (89%), l'arrêt précoce des pluies (12,90%), la diminution des pluies (87%), la sècheresse (85%), l'augmentation des pluies (7,90%), le vent violent (5,70%) et l'insolation (44,30%) (Figure 2).

Les principaux indicateurs du changement climatique paysans sont les précipitations à travers leurs différentes manifestations comme la variation de la durée et de l'amplitude des saisons.

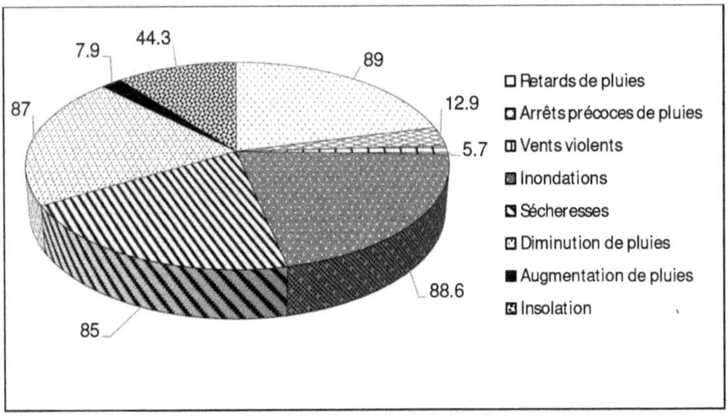

Figure 2: Indicateurs paysans du changement climatique dans le Mayo-Danay

Les populations enquêtées dans nos sites d'études sont tous conscients de l'impact du changement climatique sur la production du riz et ont affirmé avec certitude que l'impact de ce changement se manifeste directement sur la production du riz à travers la variation des rendements (24,20%) tels que la hausse (62,4%) ou la baisse (16,40%) des rendements (Figure 3).

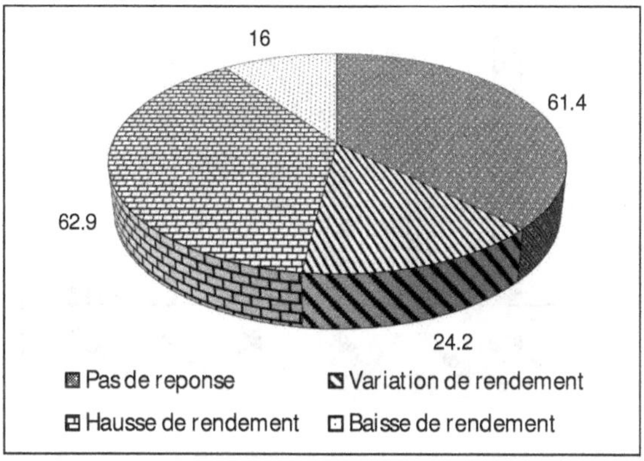

Figure 3: Indicateurs de l'impact du changement climatique sur la production du riz dans le Mayo-Danay

Les conséquences du changement climatique dans le ménage des riziculteurs dans le Mayo-Danay sont variables (Figure 4). Selon les paysans les principales conséquences du changement climatique dans les ménages sont la famine (91,40% des réponses), la pauvreté (70,71%) et l'exode rural (55,71%). D'autres conséquences n'ont de moindre importance, mais faiblement citées par les enquêtés sont le chômage (8,57%), la sous scolarisation des riziculteurs (2,14%) et les maladies (5,71%).

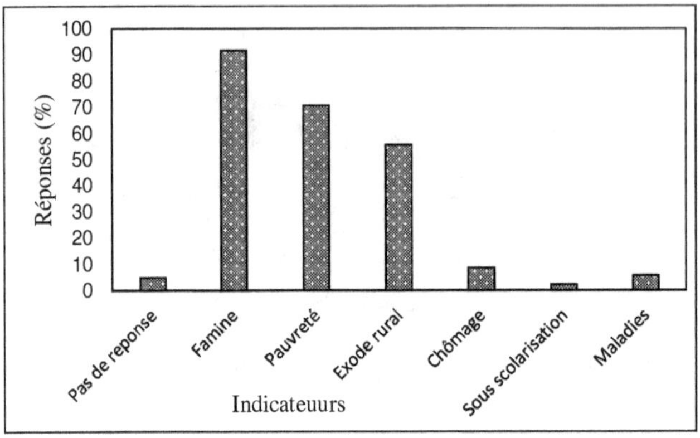

Figure 4*:* Conséquences du changement climatique dans le ménage des riziculteurs dans le Mayo-Danay

3.2.2. Période d'influence des paramètres climatiques sur le cycle de production du riz

Les pluies influencent aussi le cycle de production du riz selon les saisons et à une certaine période (Tableau 3). L'influence des précipitations sur le cycle de production du riz est beaucoup plus importante pendant la période d'ensemencement en saisons pluvieuse (100%), en période de tallage en saison sèche (40,00%). Les pluies influencent moyennement le cycle de production du riz pendant la période de maturation des caryopses en saisons sèche (16,67%) et pluvieuse (16,25%) de façon modérée selon les réponses des riziculteurs. Pour les autres périodes, l'influence des pluies sur le cycle de production du riz est faible, avec de réponses des enquêtés variant entre 0 et 11,25%.

La température influence le cycle de production du riz selon les saisons et à une certaine période (Tableau 3). L'influence de la température sur le cycle de production du riz est beaucoup plus importante pendant la période d'application des fertilisants (82%) en saison des pluies et d'épiaison en saison pluvieuse (52%) et en saison sèche (53,12%) et pendant la période d'application des fertilisants

(25%). Pour les autres périodes, l'influence de la température sur le cycle de production du riz est faible, avec de réponses des enquêtés variant entre 0 et 8%.

Tableau 3: Influence des paramètres climatiques sur le cycle de production du riz en fonction des saisons. Réponses (%).

Périodes T	Pluies		Température		Humidité		Vent	
	SS	SP	SS	SP	SS	SP	SS	SP
Non réponse	6,67	0,00	18,75	16,00	26,67	42,40	25,00	62,20
d'ensemencement	0,00	100,00	0,00	4,00	0,00	0,00	0,00	0,00
d'application des	3, 33	0,00	25,00	82,00	0,00	0,00	0,00	0,00
de tallage	40,00	11,25	5,20	8 ,00	0,00	0,00	0,00	0,00
de fécondation	0,00	0,00	0,00	0,00	0,00	0,00	60,00	30,00
d'épiaison	1,67	0,00	53,12	52,00	35,00	0,00	0,00	0,00
de maturation de caryopse	16,67	16,25	0,00	0,00	56,67	57,50	43,33	10,00
de récolte	5,00	0,00	0,00	0,00	0,00	0,00	0,00	0,00

Saison des pluies (S) et saison sèche (SS)

L'humidité influence le cycle de production du riz selon les saisons et à une certain période (Tableau 3). L'influence d'humidité sur le cycle de production du riz est beaucoup plus importante pendant la période de maturation des caryopses en saisons sèche (56,67%) et pluvieuse (57,50%) et pendant la période d'épiaison en saisons sèche (35,00%). Pour les autres périodes, l'influence d'humidité sur le cycle de production du riz est nulle pour les deux saisons, selon les riziculteurs.

Le vent influence le cycle de production du riz selon les saisons et certain période (Tableau 3). L'influence du vent sur le cycle de production du riz est beaucoup plus importante pendant la période de fécondation en saisons sèche (60,00%) et en saison des pluies (30,00%) et en période de maturation des caryopses en saisons sèche (43,33%) et pluvieuse (10,00%). Pour les autres périodes, l'influence du vent sur le cycle de production du riz est nulle pour les deux saisons.

3.3. Stratégies paysannes d'adaptations au changement climatique

La grande majorité des riziculteurs font leurs possibles pour prendre des mesures d'adaptations face aux variations des paramètres climatiques dans le Mayo-Danay (87,90%) contre très peu sont inactifs (12,10%). Le tableau 4 présente des mesures d'adaptation utilisées par des riziculteurs pour faire face aux variations des paramètres climatiques dans le Mayo-Danay selon les saisons. Cependant, nous remarquons que les principales mesures prises sont le respect du calendrier rizicole en saison sèche (75%) et en saison des pluies (50,00%), la pratique de transplantation en saison sèche (35%) et en saison des pluies (47,50%), la pratique de semis direct en saison des pluies (38,75%) et l'utilisation des variétés améliorées en saison des pluies (30,00%). D'autres stratégies bien que utilisées, sont faiblement citées comme la mise en place du forage (1,67 et 17,50%) et l'afforestation (1,67 et 2,50%). L'agroforesterie n'est pas pratiquée par les riziculteurs.

Tableau 4: Stratégies d'adaptations utilisées par les enquêtés. Réponses (%)

Mesures d'adaptations	Saison sèche	Saison des pluies
Non réponse	55,00	26,25
Respect du calendrier agricole	75,00	50,00
Variétés améliorées	16,67	30,00
Semi-direct	5,00	38,75
Transplantation	35,00	47,50
Diguette de protection	15,00	26,25
Forage	1,67	17,50
Agroforesterie	0,00	0,00
Afforestation	1,67	2,50

Le tableau 5 présente les indicateurs d'adaptation des riziculteurs face aux changements climatiques dans le Mayo-Danay selon les saisons. Celui-ci montre que la riziculture irriguée en saison sèche s'adapte mieux aux variations des paramètres climatiques par rapport à la riziculture pluviale. Car ceci se justifie par les rendements obtenus à la fin de chaque campagne rizicole. Les riziculteurs ont affirmé que la riziculture irriguée en saison sèche a généralement un rendement moyen (80%) et celle pluviale en saison des pluies a un rendement faible (91,25%). Aucun riziculteur n'a évoqué le rendement élevé de la production du riz ni en saison sèche et ni en saison des pluies (0%).

Tableau 5: Indicateurs d'adaptation aux changements climatiques. Réponse (%)

Signes d'adaptations	Saison sèche (%)	saison des pluies (%)
Non réponse	10,00	0,00
Rendement élevé	0,00	0,00
Rendement moyen	80,00	8,75
Rendement faible	10,00	91,25

3.4. Itinéraire technique paysan de production

Les variables liées aux itinéraires de production sont nombreuses et varient selon les saisons (Tableau 6). La majorité des riziculteurs ont des superficies d'exploitation comprises entre 0,5 et 1 hectare selon la commune et leurs réponses varient de 80 à 90% respectivement pour les riziculteurs de Yagoua et Vêlé, et pour ceux de Gobo. Tous les exploitants utilisent les diguettes de protection, sauf à Gobo où seulement 65% des riziculteurs utilisent les diguettes de protection. Les variétés les plus cultivées dans ces parcelles sont IR46 et NERICA à cause de leurs plasticités écologiques selon 40 à 95% des riziculteurs. La variété NERICA est la plus utilisée par 95% des riziculteurs de Gobo, contrairement à la variété IR46 qui est la plus utilisée par 72,50 à75% des riziculteurs des autres communes. La période d'ensemencement se situe pendant le mois de décembre en saison sèche, et entre le mois de mai et de juin en saison pluvieuse. Dans ce cas, deux types de semis sont pratiqués, le semis indirect pendant la saison sèche et le semis direct et indirect pendant la saison pluvieuse, car 100% des enquêtés pratiquent le semis direct dans la commune de Gobo et de 67,50 à 97,50% d'entre eux pratiquent le semis indirect dans les autres communes. La très grande majorité des riziculteurs utilisent les engrais chimiques.

Tableau 6: Itinéraires techniques de production du riz dans les différents sites d'étude. Réponses (%)

Itinéraires de production	Modalité	Yagoua	Maga	Vêlé	Gobo
Superficie d'exploitation (ha)	[0,5 – 1,5[	80 ,00	85,00	80,00	90,00
	[1,5 – 2,5[	12,50	12,50	15,00	10,00
	[2,5 – 3,5[	7,50	2,50	5,00	0,00
	[3,5 – 4,5[	0,00	0,00	0,00	0,00
Préparation des parcelles	Diguettes de protection	100	100	100	65,00
	Billons	0,00	0,00	0,00	0,00
Variété du riz cultivée	IR46	75,00	75,00	72,50	40,00
	NERICA	62,50	55,00	57,50	95,00
	TOX	2,50	0,00	2,50	0,00
Période d'ensemencement	Novembre	0,00	0,00	0,00	0,00
	Décembre	50,00	50,00	50,00	0,00
	Mai	15,00	15,00	32,50	5,00
	Juin	77,50	85,00	67,50	95,00
Type de semis	Semis directe	37,50	12,50	10,00	100
	Semis indirecte	90,00	97,50	67,50	15,00
Fertilisation	Oui	100	100	97,50	95,00
	Non	0,00	0,00	2,50	5,00
Type de fertilisation	Organique	0,00	10,00	5,00	0,00
	Chimique	100	90,00	95,00	100
Période de fertilisation après repiquage (JAR)	[14-21[	100	100	100	0,00
	[21-28[	0,00	0,00	0,00	0,00
	[28-35[	0,00	0,00	0,00	0,00
Période de fertilisation après semis (JAS)	[14-21[	0,00	0,00	0,00	0,00
	[21-28[	5,00	0,00	0,00	10,00
	[28-35[	2,50	0,00	0,00	90,00
Même quantité et qualité d'intrants utilisés dans les saisons sèche et pluvieuse	Oui	92,50	10,00	5,00	0 ,00
	Non	7,50	100	95,00	0 ,00

Tous les enquêtés dans la commune de Yagoua et de Gobo fertilisent leur champ avec de l'engrais chimique, 90% dans la commune de Maga et 95% dans la commune de Vêlé. La période d'application des fertilisants diffère en fonction des types de semis pratiqués. Dans la commune de Maga, Vêlé et Yagoua, 100% des enquêtés répandent leur engrais dans le champ entre 14eme et 21eme jour après repiquage (JAR) pendant les deux campagnes rizicoles et 90% d'entre eux appliquent leur fertilisant entre 28eme et 35eme jour après semis (JAS) dans la commune de Gobo. Il est à souligner également que la quantité et la qualité des fertilisants utilisés pendant les deux campagnes ne sont pas les mêmes. Les riziculteurs de Gobo n'ont pas daigné donner leur avis sur cette question.

3.5. Contraintes de production du riz dans le Mayo-Danay

Le tableau 7 présente les contraintes de production du riz irriguée et pluvial dans les communes de Yagoua, Maga, Velé et Gobo. En saison sèche, la production du riz irrigué dans ces communes est beaucoup plus menacée par les maladies et ravageurs, et les variations des saisons. En effet, à Maga 90% des riziculteurs ont indexé les maladies et ravageurs et 75% d'entre eux les variations des saisons; à Vêlé 100% des enquêtés ont cité les maladies et ravageurs et 45% les variations des saisons; à Yagoua 100% des enquêtés ont désigné les maladies et ravageurs et 70% d'entre eux ont estimé le prix d'intrant est élevé ; à Gobo, ils n'ont pas prononcé en saison sèche.

En saison de pluies, les principales contraintes de la production du riz pluvial dans ces communes sont les maladies et ravageurs, et les variations des saisons. A Gobo, 75% des répondants ont cité les des maladies et ravageurs et 50% des répondants ont indexé les variations des saisons; à Maga 100% des répondants ont témoigné les maladies et ravageurs et 55% des répondants ont témoigné les variations des saisons ; à Vêlé 60% répondants ont proposé les maladies et ravageurs et 50%, le faible accès aux équipements et 45% des répondants ont témoigné les le prix d'intrant est élevé; à Yagoua, 90% des enquêtés ont indiqué les maladies et ravageurs, et la variation de saison.

Tableau 7: Contraintes de production du riz irrigué et pluvial dans les communes d'étude

Saisons :	Saison sèche				Saison de Pluies			
	Yagou	**Mag**	**Vêlé**	**Gob**	**Yagoua**	**Mag**	**Vêlé**	**Gobo**
Variation des saisons	100	75	45	-	90	55	30	50
Faible fertilité du sol	0	10	15	-	25	0	0	25
Maladies et ravageurs	100	90	100	-	90	100	60	75
Manque des semences	0	0	5	-	0	5	10	5
Faible accès aux	50	40	15	-	45	25	50	70
Prix d'intrant élevé	70	30	20	-	15	25	45	25
Manque d'eau dans les	0	10	0	-	5	0	5	35

3.6. Relations entre variation des paramètres climatiques et productions du riz

La figure 5 indique la fluctuation des précipitations, de la température et de la production du riz dans le département de Mayo-Danay entre 2010 et 2019. Le département n'a enregistré de hausse de précipitations par rapport à la moyenne générale de 768,8mm que pendant les années 2010, 2012 et 2019, avec des pics de précipitation de 864,8mm, 963,45mm et 881,75 mm respectivement (Figure 5a). Les précipitations des autres années sont inférieures à la moyenne. L'augmentation des précipitations avec le temps n'est pas nettement significative (P>0,05) durant cette période d'étude.

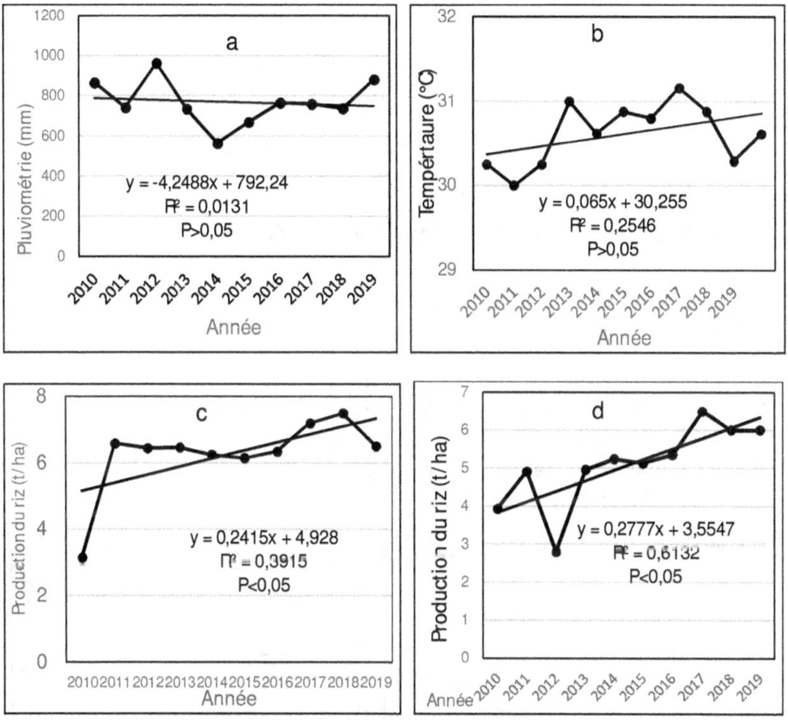

Figure 5: Evolution de la pluviométrie (a) de la température (b) et du rendement de riz en saison sèche (c) et en saison de pluies (d).dans le département de Mayo-Danay entre 2010 et 2019.

Pour la température, le département a enregistré quatre années une baisse de température par rapport à la moyenne générale qui est de 30,61°C (Figure 5b). Les valeurs enregistrées ces années sont de 30,25°C, 30°C, 30,25°C et 30,29°C respectivement pour les années 2010, 2011, 2012 et 2019. Les autres années, une hausse de température a été enregistrée. Comme les précipitations, l'augmentation de la température avec le temps n'est pas du tout significative (P>0,05).

Concernant la production du riz, le rendement optimal dans cet intervalle d'année est de 7,5 t/ha en 2018 et le rendement minimal est de 3,16 t/ha en 2010 en saison sèche, alors qu'en saison de pluies, ce rendement optimal est de 6,5 t/ha en 2017 et le rendement minimal est de 2,8 t/ha en 2012 (Figure 5c et d). Les rendements de riz ont significativement (P<0,05) augmenté avec le temps durant cette période entre 2010 et 2019 en saison sèche comme en saison de pluies.

La figure 6 présente les régressions linéaires entre la production du riz et les paramètres climatiques comme la pluviométrie et la température pendant les saisons sèche et pluvieuse dans le département de Mayo-Danay.

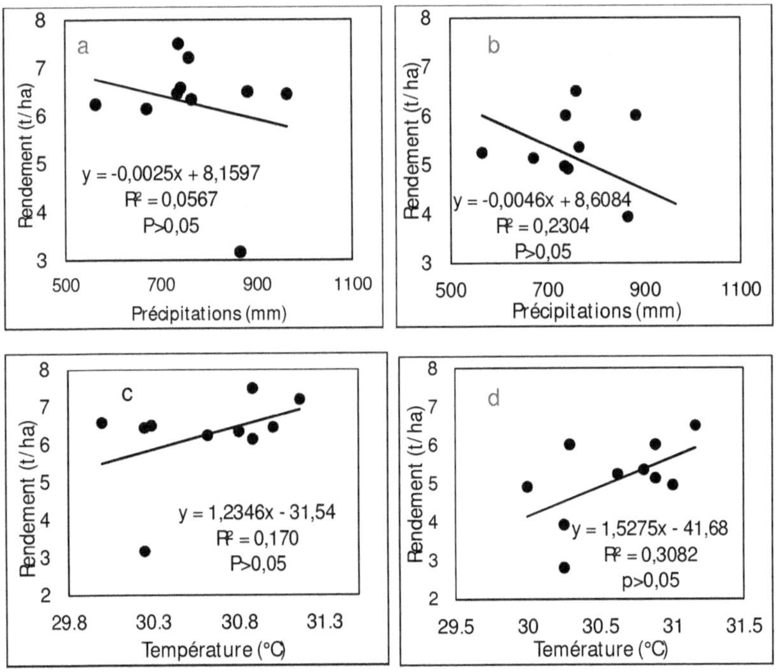

Figure 6: Corrélations entre le rendement du riz et les précipitations (a) et la température (b) en saison sèche et entre le rendement et les précipitations (c) et la température (d) en saison de pluies dans le département de Yagoua.

Bien que la production du riz dans ce département diminue avec la pluviométrie et augmente légèrement avec la température, les corrélations entre le rendement du riz et ces deux paramètres climatiques pendant les deux saisons ne sont pas significatives (P>0,05). Leurs coefficients de détermination sont de 0,0567; 0,2304 ; 0,170 et 0,3082 respectivement pour la pluviométrie et la température en saisons sèche et pluvieuse.

4. DISCUSSION

4.1. Caractéristiques des exploitants rizicoles

S'agissant des caractéristiques des riziculteurs enquêtés dans les quatre communes d'études, nos résultats indiquent que le genre le plus impliqué dans la production du riz est constitué en majorité des hommes dont l'âge est compris entre 35 et 65 ans. Ceci se justifie par le fait qu'à cet intervalle d'âge, l'homme est doté d'une certaine maturité dans la gestion des exploitations. Les chefs d'exploitation sont majoritairement mariés et les célibataires le sont par contraintes. Car selon un riziculteur *«les célibataires le sont soit par ce que le père est mort ou soit par ce que ce dernier a voyagé»*. Ces types de résultats ont été obtenus et discutés par Yakouba *et al.* (2017) dans leurs travaux sur la perception paysanne des perturbations pluviométriques et stratégies d'adaptation dans les systèmes de culture à sorgho repiqué en zone soudano-sahélienne du Cameroun; notamment dans les localités de Guirvidig, Mindif et Laf.

Par ailleurs, parlant de la riziculture irriguée et pluviale, les exploitants rizicoles sur l'ensemble des sites ont une bonne expérience dans la pratique de cette culture. Cependant, cette expérience n'est pas accompagnée d'un bon niveau d'instruction et d'une formation dans la riziculture. Dans les sites tel que Yagoua, Vêlé et Gobo, on rencontre plus des Massa qui sont tous anciens dans la riziculture. Leur ancienneté se justifie par leur autochtonie dans ces zones (PCD, 2020). Par conte à Maga, on rencontre plus des Mousgoum qui sont généralement des musulmans. Ce site marque sa particularité ethnique dans notre échantillon, car c'est une zone cosmopolite (PCD, 2020). Ainsi donc, toutes ces population enquêtées cultivent le riz et sont motivées par une riziculture dont le produit obtenu (riz) est destiné à la fois à la vente et à l'autoconsommation.

4.2. Perception paysanne sur l'évolution des paramètres climatiques dans le Mayo-Danay

L'analyse de la perception paysanne de l'impact des variations climatiques sur la production du riz dans le Mayo-Danay indique que les riziculteurs ont une perception assez claire des changements climatiques à travers les indicateurs tels que le retard et l'arrêt précoce des pluies, le vent violent, l'inondation, la sécheresse, la diminution et l'augmentation des pluies et l'insolation. Ceci est en accord avec les travaux de Doumbia et Depieu (2013), Gnangle *et al.* (2012), Delille (2011) et Brou *et al.* (2005) sur les perceptions paysannes des phénomènes climatiques dans plusieurs systèmes de cultures. Le retard des pluies est mieux perçu dans ce département par rapport à l'arrêt précoce des pluies pendant ces dernières décennies à cause du décalage de la période de début des pluies. Ces observations paysannes sont en accord également avec les données météorologiques de la zone d'étude qui indiquent que la pluviosité est marquée par une variabilité. Cette dernière tend à la baisse dans la commune de Gobo, Maga et Velé et à la hausse dans la commune de Yagoua, et confirment les résultats de Dassou *et al.* (2015) sur la caractérisation de la variabilité spatio-temporelle des précipitations de 1960 à 2010 dans la zone soudano-sahélienne du Cameroun. Leurs résultats ont montré globalement une tendance à la baisse au cours des cinq dernières décennies. Cependant, la perturbation par l'inondation est bien perçue dans ce département à cause des récentes inondations de 2012 qui ont dévasté des vastes étendus des terres agricoles et de pâturage et fait de nombreux déplacés internes (Kana *et al.,* 2013).

En ce qui concerne la température, selon les paysans *«elle se manifeste par une insolation intense dont l'intensité moyenne varie d'une saison à une autre et d'une année à une autre»* selon le propos d'un paysan. Par ailleurs, les données météorologiques sur la température suggèrent que, ce département se caractérise par une température moyenne annuelle variable qui tend à la hausse. Contrairement à nos travaux qui n'ont pas établi une différence de perception du changement climatique en fonction du statut de l'exploitant, plusieurs travaux ont montré que la perception varie suivant les groupes spécifiques. C'est ainsi que Dassou *et al.* (2015) ont montré que les points de vue des paysans diffèrent en fonction de leur âge. Les moins de 35 ans ont une perception des changements climatiques différente de ceux qui sont plus âgés. Leurs résultats ont également montré qu'il y a une différence significative entre les points de vue des paysans instruits et non-instruits. Ils le justifient par le fait que l'accès des instruits aux services de vulgarisation et aux ONG améliore les perceptions des changements climatiques sur la production du riz.

4.3. Perception paysanne de l'impact des changements climatiques sur la production du riz

Selon les paysans, les principaux paramètres climatiques influençant la production du riz sont la température, la pluie, le vent et l'humidité relative. Ainsi l'impact des variations de ces paramètres sur la riziculture se manifestent directement sur le rendement à travers ses variations telles que la hausse ou la baisse de rendement. Selon les riziculteurs, la température influence le cycle de production du riz beaucoup plus pendant la période d'assimilation des fertilisants par la plante, et la période d'épiaison de la plante, *«car une faible température induite par le froid inhibe l'assimilation des engrais par la plante»* selon les paysans. Cette observation paysanne concorde avec le travail de Cornillon (1977) montrant une diminution de l'absorption de l'azote sur la tomate, et plus particulièrement de l'azote nitrique à basse température. Dans le sol, contrairement au milieu hydroponique, une basse température des racines a une forte incidence sur la nutrition minérale du riz. L'activité microbienne est ralentie, voire inhibée. La nitrate réductase dans les racines est stoppée, la plante va incorporer l'azote directement sous forme nitrique et non pas sous forme d'ammoniac (NH_3). Ce résultat est accord avec ceux de Neilson *et al.* (1972), de De lucia (1987) et de Lundmark *et al.* (1988), qui ont considéré le froid comme un inhibiteur du CO_2 dans le processus de la photosynthèse au sein de la plante.

Pourtant la réduction de l'absorption du CO_2 serait la conséquence d'une modification de la perméabilité membranaire du cytoplasme (Murata *et al.*, 1982, Raison et Wright, 1983) et de la composition lipidique et protéique (Lehninger, 1970), permettant au végétal de garder le maximum de fluidité membranaire (Cornillon, 1980).

Selon les paysans, la pluie influence le cycle de production du riz beaucoup plus pendant les périodes d'ensemencement, de tallage et de floraison et de maturation des caryopses. En effet, pendant la campagne de la saison pluvieuse, le retard des pluies influence directement la date de semis, et par conséquent la production du riz. Le déficit des pluies crée un stress hydrique chez la plante, ce qui ralenti leurs croissances et développements. C'est dans la même perspective que Salter et Goode (1967), Dancette (1974), Boyer et Pherson (1975), et Begg et Turner (1976), ont démontré que chez toutes les céréales, le stade reproductif est potentiellement le plus sensible au déficit hydrique et les conséquences sur les rendements sont les plus graves. Car parlant du riz, un déficit hydrique lors de l'initiation paniculaire diminue le nombre d'épillets par panicule. Si le stress survient au cours de l'anthèse, le résultat est la stérilité des fleurs. Le stress hydrique pendant le remplissage du grain entraîne la diminution de leur poids. L'excès des pluies à son tour cause les noyades et la destruction des plantes, ce qui limite le tallage de la plante et le processus de sa photosynthèse, puisque le riz est une plante héliophyte qui nécessite de la lumière solaire pour accomplir normalement son cycle de développement.

Selon les paysans, le vent influence le cycle de production du riz pendant la période de fécondation. Cette influence du vent sur le cycle de production du riz se fait également pendant la période de maturation des caryopses et confirme les résultats de Delbos (1982) et de Schippers (1986), qui ont constaté les conséquences de perturbation des embellies sur la maturation des plantes aussi bien que sur le matériel en pays d'Arles au XXeme siècle. Ainsi, le vent léger a un effet favorable, car il accélère la transpiration, et s'il est fort il peut arracher les jeunes plantes ou provoquer la verse et l'échaudage à maturité.

L'humidité influence le cycle de production du riz beaucoup plus pendant la période d'épiaison et la période de maturation des caryopses. L'épiaison ou la floraison est le stade de développement du riz, le plus sensible à la sècheresse. En effet, le manque d'humidité dans le sol et dans l'environnement d'une plante se manifeste chez la plante par un stress hydrique, qui provoque chez celle-ci une baisse de croissance et la productivité (Kramer, 1983). Car le rendement en grain est tributaire de la quantité d'eau transpirée, de l'efficience de l'utilisation de l'eau et de l'indice de récolte (Ludlow et Muchow, 1988).

4.4. Stratégies paysannes d'adaptation aux changements climatiques

L'analyse de nos résultats relatifs à la stratégie paysanne d'adaptation aux changements climatiques dans le Mayo-Danay montre que, en saison sèche les riziculteurs s'adaptent mieux aux variations des paramètres climatiques par rapport à la saison pluvieuse, leurs principales stratégies d'adaptation sont l'utilisation des variétés améliorées, le semis-direct, la transplantation ou le repiquage, la construction des diguettes de protection ou anti érosive et l'utilisation des forages. Ces stratégies d'adaptation ont été répertoriées partiellement dans les travaux de Yakouba *et al.* (2017) dans les systèmes de culture à sorgho repiqué en zone soudano-sahélienne du Cameroun et ceux d'Ismaila (2021) dans les cultures de maïs et haricot dans le département de la Vina au Cameroun. Ainsi, selon eux les signes justificatifs de leur adaptation s'observent sur le rendement. Car 80% des enquêtés témoignent que le rendement est moyen en saison sèche et 91,25% d'entre eux affirment que le rendement est faible en saison pluvieuse. Cette observation paysanne cadre avec les données de la zone de production de la SEMRY qui montre également une faible productivité de riz en saison pluvieuse par rapport à la campagne de la saison sèche.

4.5. Itinéraire de production

Au niveau de la structure de l'exploitation, on note que les exploitations rizicoles sont de taille très variable et se situent entre 0,5 et 3 hectares. La majorité des exploitants sont propriétaires de leur parcelle et/ou sont abonnés à la SEMRY. Dans les zones de production couvertes par la SEMRY, qui sont Yagoua, Maga et Vêlé, la plus grande partie des exploitants ont des exploitations de superficie comprise entre 0,5 et 1 hectare. Ceci se justifie par fait que «*la* SEMRY *ne donne qu'un seul piquet (0,5 hectare) à un ménage*» (SEMRY, 1984). Par contre, dans les zones de production non couvertes par la SEMRY comme dans la commune de Gobo, les exploitants agricoles ont autres priorités en dehors de la riziculture, car ils cultivent beaucoup plus le coton. Ces superficies d'exploitation sont préparées en diguette de protection ou antiérosive, comme recommande la SAED sur leur fiche technique de production du riz au Sénégal afin de retenir assez d'eau dans la parcelle en fonction du stade de développement de la plante et de réguler aussi le niveau d'eau pour une bonne croissance de la plante (SAED, 2020). Alors que les variétés les plus cultivées dans ces sites sont les IR46 et les NERICA, mais celle que la SEMRY recommande dans sa zone de production est la variété IR46 à cause de sa plasticité écologique et sa productivité favorable (SEMRY, 1984). La majorité des paysans dans nos sites sèment leur graine de riz pendant le mois de décembre pour la campagne de la saison sèche et pendant les mois de mai et/ou juin pour la campagne de la saison pluvieuse. Parlant des fertilisants, la majorité des riziculteurs en utilisent, mais beaucoup plus des engrais chimiques. Une minorité utilise les engrais organiques comme les fientes des chauves-souris, car selon eux «*ceux-ci attirent les insectes destructeurs telles que les chenilles*».

5. CONCLUSION

En sommes, il était question d'analyser la perception paysanne de l'impact des variations climatiques sur la production du riz dans le département du Mayo-Danay. Dès lors, il en ressort que les riziculteurs du Mayo-Danay perçoivent les changements climatiques à travers les principaux indicateurs qui sont le retard des pluies (89%), l'inondation (88,60%), la diminution des pluies (87%), la sécheresse (85%) et l'insolation (44,30%). La production de riz dans les zones de production de la SEMRY entre 2010 et 2019 varie et tend à la hausse dans ce département; avec un rendement minimal de 2,8 t/h en 2012 et optimal de 6,5 t/h en 2011 en saison des pluies et un rendement minimal de 3,6 t/h en 2010 et optimal de 7,5 t/h en 2018 en saison sèche. Ainsi, les riziculteurs pluviaux sont les plus vulnérables aux variations climatiques et cette vulnérabilité se manifeste pendant la fin de la saison pluvieuse à travers un faible rendement du riz selon 91,25% des paysans. Face à ces perturbations climatiques, les riziculteurs ont adopté plusieurs stratégies d'adaptation dont les principales sont l'utilisation des variétés améliorées (30% des répondants en saison pluvieuse et 16,67% en saison sèche) et les pratiques culturales tels que la pratique du semis-direct (38,75% des répondants en saison pluvieuse), la transplantation ou repiquage (47,50% des répondants en saison pluvieuse et 35% en saison sèche), la construction des diguettes de protection ou anti érosive (26,25% des répondants en saison pluvieuse et 15% en saison sèche) et l'utilisation des forages (17,50% des répondants en saison pluvieuse et 1,67% en saison sèche). Malgré ces mesures paysannes d'adaptation, la riziculture pluviale reste exposée au risque climatique, mais également aux autres contraintes de production qui sont liées au changement climatique ou non tels que la variation des saisons, la faible fertilité du sol, les maladies et ravageurs, le faible accès aux équipements, le prix des intrants élevé et le manque d'eau dans les forages. Ces variations climatiques exposent la population du Mayo-Danay dans des problèmes majeurs qui se caractérisent par la famine, la pauvreté, le chômage, l'exode rural, la sous scolarisation et les maladies.

REFERENCES BIBLIOGRAPHIQUES

Bara Gueyé., 1993. Relais « MARP » Outils, techniques et attitudes : Le partage des expériences. Dakar, Senegal. *African Archeological.* 17: 1-43.

Baron C., Sarr B., Maraux F. & Dingkuhn M., 2003. From a simple crop water balance model to a simple crop water and carbon balance model in water limited environments, in: : Monsoon environments : Agricultural and Hydrological Impacts of seasonal variability and Climate Change, The Abdus Salam international center of theoretical physics (ICTP), 24-28 p.

Begg. & Turner N.C., 1976. Crop water deficit~. *Advanced. Agronomy*, 28 : 161-217.

Berger A., 1992. Les climats de la terre : un passé pour quel avenir ? De Boeck Wesmael, Bruxelles, 479 p.

Boyer J.S. & Mc Pherson H.G., 1975. Physiology of water deficits in cereal crops. *Advanced Agronomy.*, 27 : 1-23.

Brou Y.T., Akindes F. & S. Bigot., 2005. La variabilité climatique en Côte d'Ivoire : entre perceptions sociales et réponses agricoles. *Cahiers Agricultures*, 14 (6) : 533-540.

Cornillon P., 1977. Effet de la température des racines sur l'absorption des éléments minéraux par la tomate. *Annales Agronomiques*, 28 : 409-423.

Cornillon P., 1980. Incidence de la température des racines sur la croissance et le développement des plantes. Etude bibliographique. *Annales Agronomiques*, 31 (1) : 63- 84.

Dancettec., 1974. Stade de sensibilité à la sécheresse et influence des stress hydriques sur deux variétés très différentes utilisées en riziculture pluviale. Rapport IRAT/ISRA, CNRA de Bambey, 17 p.

Dassou E.F., Ombolo A., Ewodo M.G., Chouto E., Bineli E.A. & Abate J. M. E., 2015. Caractérisation de la variabilité spatio-temporelle des précipitations dans la zone soudano-sahélienne du Cameroun au cours des cinq dernières décennies. *Afrique Science*, 11 (4), 331-348.

De lucia E.H., 1987. The effect of freezing nights on photosynthesis, stomatal conductance, and internai CO2 concentration in seedlings of Engelmann spruce (*Picea angelmannii*). *Plant Cell Environ*, 10 : 333-338.

Delbos G., 1982. Ethnologies Française. 3-12 p.

Delille H., 2011. Perceptions et stratégies d'adaptation paysannes face aux changements climatiques à Madagascar : Cas des régions Sud-ouest, Sud-est et des zones périurbaines des grandes agglomérations. Agronome et vétérinaire sans frontière, 108 p.

Devèze J .C., 1991. Bilan et perspective de la SEMRY au Cameroun. Yaoundé, CCCE, 39 p.

Dingkuhn M., Sow A., Samb A., Diack S. et Asch, F., 1995. Climatic Determinants of Irrigated Rice Performance in the Sahel - I. Photothermal and Micro-climatic Responses of Flowering. *Agricultural Sysfems*, 48 : 385-410.

Dobelmann J.P., 1976. Riziculture pratique, Pris, P.U.F. Vol: 123-221 p.

Doumbia S. et Depieu M., 2013. Perception paysanne du changement climatique et stratégies d'adaptation en riziculture pluviale. *Journal of Applied Biosciences*, 64 : 4822-4831.

DSA., 1990. Evolution des systèmes de production agricole en zone sodecao et principales réactions des producteurs camerounais à la crise cacaoyère. Montpelier : CIRAD-DSA, 71 p.

FAO., 1999. L'état de l'insécurité alimentaire dans le monde. Organisation des Nations unies pour l'alimentation et l'agriculture, Rome, Italie, 5-35 p.

FAO., 2018. Etude de la population mondiale.7 p.

FAO., 2019. L'état de l'insécurité et de la nutrition dans le monde.3-200 p.

FNUAP., 2019. Etat de la population mondiale 2019. Fond des Nations Unies pour la Population.105-170 p.

GIEC., 2001. Climate Change 2001 : Impacts, Adaptation & Vulnerability. Contribution of Working Group 2 to the Third Assessment Report, Cambridge University Press, 100 p.

GIEC., 2007. Contribution of Working Groups I, II and III to the Fourth Assessment Report of the Intergovernmental Panel on Climate Change, Geneva, Switzerland, 104 p.

GIEC., 2014. Conséquences, adaptation et vulnérabilité: Giec tire la sonnette d'alarme. 5^{emme} rapport d'évaluation du GIEC-contribution du Groupe du travail II. 1-6 p.

Gnangle P.C., Egah J., Baco M.N., Gbemavo D.S., Kakaï R. & Sokpon N., 2012. Perceptions locales du changement climatique et mesures d'adaptation dans la gestion des parcs à karité au Nord-Bénin. *International Journal of Biological and Chemical Sciences*, 6 (1) 136 -149.

Grist D.H., 1986. Rice (edition 6) longman singapore publisher, Singapore. 599 p.

Iglesias A. & Quiroga S., 2007. Mesuring cereal production risk form climate variability across geographical areas in spain. *Climate Research,* 34 : 47-57.

Iglesias A., Carrote L. & Moneo., 2007. Challenge to manage the risk of water scarity and climate change in the mediterranean. *Water resource management* 21(5) ; 227-288.

Iglesias A., Carrote L. & Moneo., 2007. Observed stress strain behavior of confined concrete. *Journal of Structural Engineering.* 114 (8), 1827-1849.

Juliano B.O., 1993. Rice in human nutrition. FAO Food on nutrition series 26, 166 p.

Kana C.E., Nghonda J.P. & Nguendo yongsi H.B., 2013. Les inondations récentes dans le nord Cameroun : des communautés vulnérables à l'épreuve des oscillations climatiques. *International Journal Advenced Studies Research in Africa*, 4 (1): 36-49.

Kramer P.J., 1983. Water relation in plant. *Academic press*, new york, USSA. PP. 120-186 p.

Lehninger A.L., 1970. Biochemistry. New York, *Worth Publishers*, p. 189-214 et p. 513- 537.

Ludlow M.M. & Much R.C., 1988. Critical evaluation of the possibilities modifying crops for high production for unit of participation. In : Bidinger.fr.

Lundmark T.,·Bergh J., Strand M. et Koppel A., 1988. Seasonal variation of maximum photochemical efficiency in boreal Norway spruce stands. *Trees*, 13: 63–67.

Mander J.B., Pristley M.J.N. et Park R., 2005. Theoretical stress strain model for confined concrete. *Journal of Structural Engineering.* 114 (8), 1804-1826.

MINADER., 2009. Stratégie nationale de développement de la riziculture au Cameroun. Marseille : IRD Edition 2005. 94-97 p.

MINEPAT., 2017. La population du Cameroun en 2018 (4^{è} RGPH). Ministère de la planification et de l'administration territoriale. 77 p.

Murata N., Sato N. &Takahashi Y., 1982. Composition and positional distributions of fatty acids in phospholipids from leaves of chilling-sensitive and chilling-resistant plants. *Plant Cell Physiol*, 23: 10711079.

N'da Kouassi A. R., 1984. Réponse physiologique du riz (*Oryza sativa* L.) au déficit hydrique. Etude comparée de deux types culturaux : variété pluviale, variété aquatique. Thèse de Doctorat. ENSA-M, Montpellier, France, 139 p.

Neilson R.E., Ludlow M.M. et Jarvis PG, 1972. Photosynthesis in sitka spruce (*Picea sitchensis* (Bong.) Carr.) II. Response to temperature. *Journal of Applied Ecology*, 9 (3): 721-745.

Ogouwalé E., 2006. Changements climatiques dans le Bénin méridional et central : indicateurs, scénarios et prospective de la sécurité alimentaire. Thèse de Doctorat, Université d'Abomey-Calavi, Cotonou, Bénin, 302 p.

Plan Communal de Développement (PCD) de Yagoua, 2020. GIC PI-PNVRA, Maroua, Cameroun, 157 p.

Raison J.K. & Wright L.c., 1983. Thermal phase transitions in the polar lipids of plant membranes: their induction of disaturated phospholipids and their possible relation to chilling injury. *Biochimca and Biophysica*, 78-731 69.

Roupsard., 2005. Production rizicole In : Atlas de la province Extrême-Nord Cameroun. Marseille: IRD Edition 2005. 94-97 p.

SAED., 2020. Fiche technique de la riziculture. Ministère de l'Agriculture et de l'Equipement Durable. 1-6 p.

Salter P.G. & Goode J.E., 1967. Crop responses to water at different stages of growth. Commonwealth Agricultural bureau, FARNHAM Royal, Bucks, England, 16-395 p.

Sarr *et al.,* 2008. Variabilité pluviométrique en Afrique de l'Ouest: dynamique des espaces végétaux à partir des images satellitales. Exemple du bassin versant du Ferlo (Sénégal). Climat et Sociétés: Climat et végétation, Journées de Climatologie de Nantes, 13-14 mars 2008, p. 57-70.

SEMRY., 1984. Mémento du responsable des groupements. 1[er]edition, Avril 1984. 84-246 p.

SEMRY., 1984. Rapport annuels d'activités. 81-89 p.

SOGEFI, 2020. Consolidated financial statements statutory financial statement report of the Board of directors. Annual report, Milan Italy, 163 p.

UNFPA, 2011. État de la population mondiale en 2011. Rapport de Fonds des Nations Unies pour la population, New York, EUA, 132 p.

World Bank (2010a).The Costs to Developing Countries of Adapting to Climate Change - New Methods and Estimates. The Global Report of the Economics of Adaptation to Climate Change Study: Consultation Draft. Washington, D.C. The World Bank Group.

Yakouba O., Saïdou A., Madi A., Watang Z. F. & Fokou Y., 2017. Perception paysanne des perturbations pluviométriques et stratégies d'adaptation dans les systèmes de culture à sorgho repique en zone soudano-sahélienne du Cameroun. *Afrique Science* 13(4):50 – 65.

Zhao Y., Wang, C. & Wang S., 2005. Impacts of present and future climate variability on agriculture and forestry in the sub-humid and humid tropics. Climate Change, 70, 71-116.

ANNEXES

Annexe 1

FICHE D'ENQUETE

Je suis etudiant à l'université de Nguaoundéré, filière biologie des organismes vegetaux. J'effectue cette etude dans le cadre d'obtension de mon diplome du master deux. Et ceci sous le theme " Perception paysanne du changement climatique sur la production du riz dans le département du Mayo-Danay"

Je vous remerçi pour votre temps mis à ma disposition.

Informations générales sur le prducteur

1. Quel est votre âge?
O 1. 18-24 O 2. 25-34 O 3. 35-49 O 4. 40-64 O 5. 65+

2. Quel est votre sexe?
O 1. Masculin O 2. Feminin

3. Quel est votre ethnie?
O 1. Massa O 2. Mousgoum O 3. Peulh
O 4. Toupouri O 5. Moundang O 6. Mosei

4. Quelle est votre situation matrimoniale ?
O 1. Célibataire O 2. Marié(e) O 3. Vivant maritalement
O 4. Veuf(ve) O 5. Divorcé(e)

5. Quelle est votre religion?
O 1. Chretien O 2. Musulman O 3. Animiste
O 4. Athée

6. Quel est votre niveau d'etude?
O 1. Non scolarisé O 2. Etude primaire
O 3. Etude secondaire O 4. Etude superieur

7. Quelle est votre activité principale?
☐ 1. Agriculture ☐ 2. Commerce ☐ 3. Pèche
Vous pouvez cocher plusieurs cases.

8. Etes-vous ancien dans la riziculture?
O 1. 1 ans O 2. 5 ans O 3. 10 ans O 4. plus de 10 ans

9. Pratiquez-vous quelles cultures dans votre localité?
☐ 1. Riz ☐ 2. Mais ☐ 3. Mil
☐ 4. Manioc ☐ 5. Patate douce ☐ 6. Arachide
☐ 7. Coton
Vous pouvez cocher plusieurs cases.

10. Etes-vous formez dans la riziculture?
O 1. Oui O 2. Non

11. Quelle est votre motivation?
☐ 1. Vente ☐ 2. Consommation ☐ 3. Recherche
Vous pouvez cocher plusieurs cases (2 au maximum).

Itinéraire de production du riz

12. Quelle est votre superficie d'exploitation?
O 1. 0,5 à 1 ha O 2. 1,5 à 2 ha O 3. 2,5 à 3 ha
O 4. 3,5 à 4 ha

13. Comment préparez-vous vos parcelles?
O 1. Diguettes de protection O 2. Billon

14. Cultivez-vous quelle variété de rz dans votre parcelle?
☐ 1. IR46,NERICA ☐ 2. TOX
Vous pouvez cocher plusieurs cases.

15. Pratiquez-vous quel type de semis?
☐ 1. Semis directe ☐ 2. Semis indirecte
Vous pouvez cocher plusieurs cases.

16. Quelle est la période d'ensemencement?
☐ 1. Novembre ☐ 2. Decembre ☐ 3. Mai ☐ 4. Juin
Vous pouvez cocher plusieurs cases (2 au maximum).

17. Utilisez-vous des fertilisants?
O 1. Oui O 2. Non

18. Si oui, quel type de fertilisant?
☐ 1. Organique ☐ 2. Chimique
Vous pouvez cocher plusieurs cases.

19. A quelle période appliquez-vous le fertilisant?
☐ 1. (14-21) JAR,(21-28) JAR ☐ 2. (28-35) JAR
☐ 3. (14-21) JAS,(21-28) JAS ☐ 4. (28-35) JAS
Vous pouvez cocher plusieurs cases (2 au maximum).

20. Apliquez vous la meme quantité et qualité d'intrant en saison sèche et pluvieuse?
O 1. Oui O 2. Non

Contrainte de production du riz

21. quelles sont vos contraites de production?

- ☐ 1. Variation des saisons
- ☐ 2. Faible fertilité du sol
- ☐ 3. Maladies et ravageur
- ☐ 4. Manque des semences
- ☐ 5. Faible accès aux équipements
- ☐ 6. Prix intrant élévé
- ☐ 7. Manque d'eau dans les forages

Vous pouvez cocher plusieurs cases.

Questions relatives aux changements climatiques et son impact sur la riziculture.

22. Avez-vous une fois entendu parler du changement climatique?

○ 1. Oui ○ 2. Non

23. Avez-vous remarquer un changement climatique au cours des dernières decenies?

○ 1. Oui ○ 2. Non

24. Comment percevez-vous le changement climatique dans votre localité?

- ☐ 1. Retard des pluies
- ☐ 2. Arrêt precoce des pluies
- ☐ 3. Violent vent
- ☐ 4. Inondation
- ☐ 5. Sècheresse
- ☐ 6. Diminution des pluies
- ☐ 7. Augmentation des pluies
- ☐ 8. Insolation

Vous pouvez cocher plusieurs cases.

25. Pensez-vous que le changement climatique est un element qui impacte la production du riz dans votre localité?

○ 1. Oui ○ 2. Non

26. Si oui pourquoi?

- ☐ 1. Variation des rendements
- ☐ 2. Hausse des rendements
- ☐ 3. Baisse des rendements

Vous pouvez cocher plusieurs cases (2 au maximum).

27. A quelle période du cycle de production que la température influence sur la riziculture?

- ☐ 1. Période d'ensemencement
- ☐ 2. Période d'application des fertilisants
- ☐ 3. Période de tallage
- ☐ 4. Période de fecondation
- ☐ 5. Période d'epiaison
- ☐ 6. Periode de maturation des caryopses
- ☐ 7. Période de recolte

Vous pouvez cocher plusieurs cases.

28. A quelle période du cycle de production que la precipitation influence sur la riziculture?

- ○ 1. Période d'ensemenncement
- ○ 2. Période d'application des fertilisants
- ○ 3. Période de tallage
- ○ 4. Période de fecondation
- ○ 5. Période d'epiaison
- ○ 6. Période de maturation des caryopses
- ○ 7. Période de recolte

29. A quelle période du cycle de production que le vent influence sur la riziculture?

- ☐ 1. Période d'ensemencement
- ☐ 2. période d'assimilation des fertilisants
- ☐ 3. Période de tallage
- ☐ 4. Période de fecondation
- ☐ 5. Période d'epiaison
- ☐ 6. Période de maturation des caryopses
- ☐ 7. Période de recolte

Vous pouvez cocher plusieurs cases.

30. A quelle période du cycle de production que l'humidité influence la riziculture?

- ☐ 1. Période d'ensemencement
- ☐ 2. Periode d'assimillation de fertilisant
- ☐ 3. Période de tallage
- ☐ 4. Période de fecondation
- ☐ 5. Période d'epiaison
- ☐ 6. Période de maturation des caryopses
- ☐ 7. Période de recolte

Vous pouvez cocher plusieurs cases.

31. Prenez-vous des mesures d'adaptations aux changements climatiques?

○ 1. Oui ○ 2. Non

32. Si oui lesquelles?

- ☐ 1. Respect du calendrier agricole
- ☐ 2. Variété ameliorée
- ☐ 3. Semis direct
- ☐ 4. Transplantation
- ☐ 5. Diguette de protection
- ☐ 6. Forage
- ☐ 7. Agroforesterie
- ☐ 8. Forestation

Vous pouvez cocher plusieurs cases.

Annexe 2

Tableau 1 : Récapitulatif des données pluviométriques (mm) dans les différents sites d'étude.

ANNEES	Yagoua	Gobo	Velé	Maga
2010	842,5	1022	757	837,8
2011	669,5	758	802	741,1
2012	1069,5	1012	1108	664,3
2013	787	861	754	541,2
2014	611,9	654,4	598,1	396,6
2015	739	667	724	555
2016	916,7	854	774,4	517,6
2017	1197,3	920	501,44	420,5
2018	789	678,4	695,91	789,7
2019	955	988	762,29	821,7

Tableau 2 : Variation de la température (°C) dans le Mayo-Danay

ANNEES	TEMPERTURE
2010	30,25
2011	30
2012	30,25
2013	31
2014	30,62
2015	30,88
2016	30,8
2017	31,16
2018	30,88
2019	30,29

Tableau 3: Variation de rendement du riz (t/ha) dans la zone de production de la SEMRY dans le Mayo-Danay

ANNEES	Saison sèche	Saison de pluies
2010	3,16	3,93
2011	6,58	4,91
2012	6,44	2,8
2013	6,46	4,96
2014	6,24	5,24
2015	6,14	5,13
2016	6,34	5,35
2017	7,2	6,5
2018	7,5	6
2019	6,5	6

www.ingramcontent.com/pod-product-compliance
Lightning Source LLC
LaVergne TN
LVHW022054200926
848481LV00003B/911
9798899660078